Painter 12
百变CG绘画创作技法

黏成一团 编著

U0249602

清华大学出版社
北京

百變 CG 電繪職人技—Painter×Photoshop

黏成一團

碁峰資訊股份有限公司，2012.04

ISBN 978-986-276-480-0

图书在版编目(CIP)数据

Painter 12百变CG绘画创作技法 / 黏成一团　编著. —北京：清华大学出版社，2013.7

ISBN 978-7-302-32701-1

Ⅰ. ①P…　Ⅱ. ①黏…　Ⅲ. ①图形软件　Ⅳ. ①TP391.41

中国版本图书馆CIP数据核字(2013)第125550号

责任编辑：李　磊
封面设计：王　晨
责任校对：成凤进
责任印制：何　芊

出版发行：清华大学出版社
　　　　网　　　址：http://www.tup.com.cn, http://www.wqbook.com
　　　　地　　　址：北京清华大学学研大厦 A 座　　　邮　　编：100084
　　　　社 总 机：010-62770175　　　邮　　购：010-62786544
　　　　投稿与读者服务：010-62776969，c-service@tup.tsinghua.edu.cn
　　　　质 量 反 馈：010-62772015，zhiliang@tup.tsinghua.edu.cn

印 装 者：北京亿浓世纪彩色印刷有限公司
经　　销：全国新华书店
开　　本：190mm×260mm　　　印　　张：12.75　　　字　　数：403 千字
　　　　　（附 DVD 光盘 1 张）
版　　次：2013 年 7 月第 1 版　　　印　　次：2013 年 7 月第 1 次印刷
印　　数：1～4000
定　　价：68.00 元

产品编号：049311-01

Content
目录

骆修思 绘

Chapter 1

星空幻境

无边无际的想象世界

"星空幻境"顾名思义是关于幻想。动笔之前可以先幻想梦想中的理想画面。我个人很喜欢这个过程，毕竟在脑海中构图十分自由自在，不费力又不用担心死机；唯一值得担心的是想得太入神眼神呆滞露出傻笑。

幻想中的画面是横式，染着一片美丽的海蓝，带点淡紫的色调。一位美丽的女子，轻柔的发丝晕染着色调，皮肤像女神一般闪耀着珍珠光泽，穿着合身的小礼服，随意披着的丝巾飞扬起来，透过半透明的丝巾，可以看到那无边无际的银河，闪耀着亿万星空的光芒。希腊式的宫殿漂浮在星空深处，通向它的，只有断裂斑驳的石梯，一个纤细的身影站立在梯上，似乎要拾级而上，又似乎在犹豫去向。

1.1 ... 把幻想"画"为现实

我最喜欢绘画的地方，就是可以天马行空地把自己脑海中幻想的画面传达出来。绘画可以传达感受，也可以传达狂想，更可以传达现实中不存在的美感。有时候看着许多大师们的绘画作品，一股幸福感不禁油然而生，感觉世界上还有很多无边无际的可能性，还有更多更极致的美值得去追寻。

大致把画面想象好了，就把画面化幻为真吧。细部的地方可以边画边斟酌。接下来就开始构图。构图的方式也有很多种，本章使用的是色块构图法。和一般打线稿的方式不一同，不是用线条，而是用色块标示并区分笔下的人物和事物。

首先绘制主角。为了和笔下的人物更有情感联系，也为了对笔下的人物更有责任感，我们来取个名字，就叫星空女神吧。美丽的幻想要化为现实，有一段艰苦的历程。在完成画作前，可要对笔下的人物不离不弃。

STEP 01 在Painter中新建一个文档，命名为"人物"，尺寸为19.6cm×26.6cm，分辨率为300dpi，存成PSD文档。然后用油漆桶在画布上倒上接近幻想的底色，新建一个图层，把右图的画笔准备好。柔性喷笔50的最小尺寸要调到100%，柔性喷笔30的最小尺寸则调到5%，其他的画笔用原本的设定值就可以了。

STEP 02 用丙烯画笔的分岔鬃毛笔，在图层上大略勾勒出形状。这个阶段可以随兴一些，把大致的形体走向安排好即可。再新建一个图层，把图层混合模式改成**正片叠底**。

STEP 03 用**正片叠底**的模式加深阴影是十分方便的。选用淡紫色调，在眼窝、脸颊下方、手臂内侧和衣服的背光处，用柔性喷笔50淡淡扫上较深的色调。完成后按住Shift键选择图层1和图层2，再折叠图层，即可把两个图层合二为一。

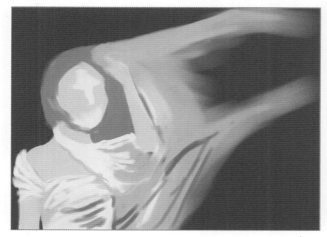

STEP 04 现在要在受光较多的地方提亮颜色，展现出光彩。和刚刚的模式相仿开启一个新图层，把模式改成 **叠加**，选择较清淡的颜色，就有提亮的效果。但要注意在 **叠加** 模式中的色彩选择，尽量选择较亮的色彩(如右图框选处)，才会有提亮的效果；若选择暗的颜色，反而会显得暗淡。

STEP 05 加亮完成后，把两个图层合并。虽然看起来比较立体了，但还是看起来人鬼殊途。我们可以靠着三项利器化腐朽为神奇：**正片叠底** 加暗、**叠加** 提亮、**橡皮擦** 修改形体。再用 **正片叠底** 标示眼睛瞳孔的位置、眼睛的范围、鼻子的阴暗面和鼻孔，以及嘴角的位置。

STEP 06 反复用 **叠加** 模式，柔性喷笔50来提亮肤色，尤其在额头、鼻子、下巴和两颊的部分，下笔尽量轻柔；并用丙烯画笔的分岔鬃毛笔大致把发型和发丝绘出形状。这阶段的星空女神已渐渐有了雏形。

STEP 07 继续用分岔鬃毛画笔，使用时按住键盘上的Alt键，即可把画笔功能转换成吸取颜色的功能，如下图所示，先吸取左脸颊旁较深的颜色后，再把Alt键放开，就会恢复成画笔，即可继续作画，把脸庞修瘦一些。

STEP 08 新建一个图层，混合模式转为 **正片叠底** 模式，在嘴唇下方加点粉嫩鲜红的色彩。完成后再折叠图层即可。同时用分岔鬃毛笔把发丝的细部再画清楚一些，绘出随风飘扬的感觉。

STEP 09 这时候的脸型已经比较接近理想中的样子了。再把头部的阴影和亮部调整一下。新建一个图层，混合模式转为 **正片叠底** 模式，用柔性喷笔50在头顶和脸颊旁的头发阴暗处加深颜色，头发的下侧也加深一下，只保留和额头平行处的头发维持原来的亮度。此处建议用淡蓝色加深，至此脸部到此处也差不多完成了。

1.2 磨炼耐性的衣饰

画脸虽然不是件容易的事情，但是毕竟脸上只有眼睛、鼻子、嘴巴。衣饰就不一样了，一件看来样式简单的衣服，褶皱就很有学问，画得过多、过少、过深、过浅，都可能让衣服看起来很不自然。平常练习时，可以参考衣服照片，也可以观察身边的衣服，看看褶皱的走向，但最重要的是要有耐心。

STEP 01 用分岔鬃毛笔来绘制衣服褶皱的走向。稍稍往左下方倾斜，但不要画得太过整齐，要有一些交错穿插，看起来会比较自然。

STEP 02 用调和笔的加水笔，在刚刚画的线条上涂抹，让线条不只是一条线，而是一个暗面，也让褶皱看起来比较柔和。

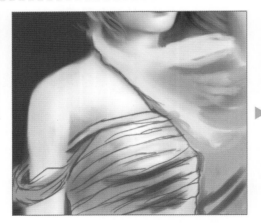 

STEP 03 整理褶皱的细部，亮部加亮些，细修缠在手臂上的纱巾；也别忘记女神胸口的肌肤。参考脸上亮处的颜色，用柔性喷笔50轻轻扫过礼服上方的肌肤，若一下子无法弄得均匀，请用调和笔的加水笔轻轻抹一抹。再用柔性喷笔50把脖子上纱巾的褶皱走向稍微调整一下，女神的右手是纱巾飘起的支点，因此以右手为交集点，褶皱往外散出。

STEP **04** 与之前的操作类似，用调和笔的加水笔把调整后的褶皱抹一抹，变成柔和的暗面，并用淡紫偏红一些的色彩，加深褶皱延伸到的地方。

STEP **05** 画到这里，觉得背景的颜色太过鲜艳也太抢眼，所以用油漆桶在画布上换了一个比较内敛的颜色。纱巾的飘扬处也用柔性喷笔50补上，下笔的时候要轻，不要让纱巾看起来太沉重。再用分岔鬃毛笔把右手的手掌粗略勾勒出来。

STEP **06** 用柔性喷笔50在每个指间绘出间隔，并在手掌处加深颜色，绘出阴影的效果。同时，用粉红色绘出指甲。指甲边缘的颜色稍微深一点，绘出一点立体感。这阶段的指头不用画得很精致，因为等一下还要用纱巾盖住。

STEP **07** 用柔性喷笔50慢慢画上手上的纱巾，和手边的纱巾褶皱接起来。这时候下笔也千万要轻，不要把手都遮住了，要有若隐若现的透明感。

STEP 08 画到这里，累了吗？再坚持一下吧！现在已经完成主要的褶皱了，再加一些细节就好了。在女神左臂旁边的纱上加上一点如水波般的纹理，增加一点梦幻的感觉；并把头上多余的色块用橡皮擦修掉。

STEP 09 用柔性喷笔40把头发亮部的发丝一根一根挑画清楚。这枝喷枪的笔头中间是空的。用这支笔画头发，有事半功倍的效果。同时也要注意若间距调到10%以下，发丝会比较顺畅，较不会有断裂感。画头发时下笔要轻也要快，发丝才会柔顺。

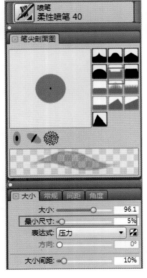

STEP 10 因为想把光影做得更明显。新建一个图层，模式转为 **叠加**，把飞扬的纱巾再提亮一点，和闪耀的发丝相呼应。再新建一个 **正片叠底** 图层，淡淡地把颈下的锁骨加出来。

STEP 11 最后稍稍把女神的脸上肤色再打亮，让她看起来更清丽纯净；并在手臂内侧、颈外侧等（红色圈起来之处），加上淡蓝色的反光，让画面更有气氛的同时，能够更加突出人物。

STEP 12 新建一个图层，混合模式转为 **正片叠底**，用柔性喷笔30加上线稿。也许你会觉得奇怪，线稿不是一开始要画的吗？这是因为每个人作画习惯和天分不同。我是属于对线条类缺乏天分的类型，如果一开始用线条构图，不是画得歪七扭八，就是没耐心画出精细确切的线稿而半途而废；但若用色块来构图，我的信心和耐心就会大幅增加。当整个人物现形时，画线稿对我而言就容易很多了。若比较习惯从线稿开始作画的同学，也可以用随书光盘中的文档"星空幻境(人物线稿).psd"进行练习。

1.3 … 无中生有的景色

辛 苦画完人物后，就要开始琢磨背景了。因为画面是奇幻风格，当初幻想的也是漂浮在半空中的希腊神殿，所以按此思路进行绘制。

STEP 01 用Painter新建一个文档，命名为"大背景"，尺寸为19.6cm×26.6cm，分辨率为300dpi，存成PSD文档。用油漆桶在画布上倒入淡紫色，随后用柔性喷笔50在右下方染上一层深紫色，画出一些层次。

STEP 02 在画布上直接作画，用分岔鬃毛笔把幻想之物大概的位置定出来。这个阶段先不用太精确，可以自由自在地随兴作画。

STEP 03 用柔性喷笔50把这些对象的亮部慢慢加出来，可顺便画上衣服颜色。柱子和雕像故意画出斑驳破裂的感觉。

STEP 04 再用同一支笔加上暗部。石柱的破损处和石梯的背光处都是要加阴影的地方。至于人物雕像则是需要加深衣饰褶皱和眼窝的凹陷程度。

STEP 05 把瀑布的水花加亮，可以选择带绿色的淡蓝色，直接用画笔画上，或是新建图层，用**叠加**混合模式加亮即可。

STEP 06 为了让瀑布有水花四溅的感觉，使用一支新画笔：调和笔的粗糙涂抹，设定用默认值。轻轻在瀑布和背景交接处涂抹，即可让死水变成活水，飞溅起来。

调和笔
粗糙涂抹

STEP 07 把需要清楚呈现的地方加上边线，尤其是亮暗交接面，让整个形体更有立体感，也更有力道。

STEP 08 这时候发现头部的角度和想要的不一样，还需要再低一点，出现这种问题该怎么办呢？Painter最大的好处，就是可以随时修正这种错误。先用套索工具圈选中头部，按右键选择**羽化**，用预设的**羽化3**即可。再把圈选的头部复制到另一个图层上，可以用快捷键Ctrl+C (复制)和Ctrl+V(粘贴)加快操作。

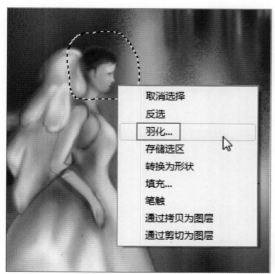

取消选择
反选
羽化...
存储选区
转换为形状
填充...
笔触
通过拷贝为图层
通过剪切为图层

STEP 09 选择只有头部的图层，选择 **变形** 工具上方的 **旋转**，就可以任意改变头部的角度。转到理想的角度后确认变形，再把图层和下方的画布合并，就完成修改了。

STEP 10 这时候，用亮度较高的蓝紫色，轻轻在各个物体和背景交接处画上反光，背景就大功告成了。

1.4 ·· 星光灿烂的夜空

这幅画既然取名为"星空幻境"，怎么可以没有星光灿烂的夜空呢？开始绘制主题的星空吧。

STEP 01 新建一个空白文档，命名为"星空"，尺寸为15.6cm×21.6cm，分辨率为300dpi，存成PSD文档。先用分岔鬃毛笔在画布上自由涂抹上各种深深浅浅的蓝色。接着，用**扭曲变形画笔**中的**飓风**或**大理石耙笔**在画面上任意涂抹。**扭曲变形画笔**相当有趣，可以把简单的色彩变成很有韵味的纹理。除了上述所建议的两支笔外，其他扭曲变形画笔都可以试试看；如果觉得效果太过强烈，调低不透明度就可以了。

STEP 02 画出夜空深邃又多变的感觉后，就要来画星星了。新建一个图层，用椭圆选取工具圈选一个圆形，再用油漆桶倒上白色。完成后，把该图层的透明度调成15%。

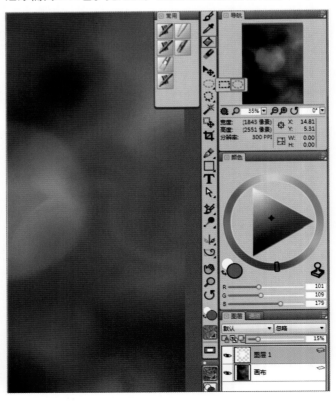

STEP 03 再复制一个图层，把透明度调到90%。把这两个图层折叠。这样一来就有一颗超大的星星了。

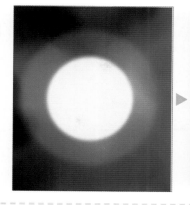 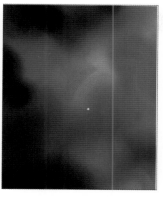

STEP 04 用 **变形** 工具把星星缩小后，复制几颗后再合并图层。重复这一操作并运用变形和复制功能，星星就会像细胞分裂一样，从一个变成满天星斗了。

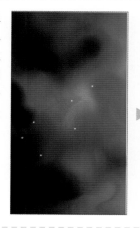  

STEP 05 为了增加星空的光彩，再新建一个图层并转为 **叠加** 混合方式，用淡蓝偏绿的色彩，在特别喜欢的星星上加亮。

STEP 06 大星星看来是够多了，但细碎的小星星可以更多一些。还要用变形工具缩小吗？这样就太累了。利用 **喷笔\粗糙喷笔**，就可以喷出许多密密麻麻的小星星。

STEP **07** 考虑到这个画面是要做背景，柔和些更能衬托主题。点选 **效果\焦点\柔化**，在对话框中选择 **高斯** 强度为3~5，灿烂星空到此就完成了。

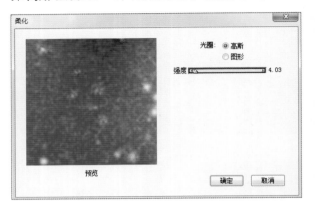

1.5 · · 增加趣味的小物件

有远方的恒星，而没有行星，这个宇宙似乎不够完整。为了更加有宇宙的感觉，也为了增加趣味，可以再增加一点小对象。

STEP **01** 新建一个空白文档，命名为"小背景"，尺寸为15.6cm×21.6cm，分辨率为300dpi，存成PSD文档。用分岔鬃毛笔绘好形状，用柔性喷笔50把阴影和亮处加上，画一颗土星。为什么要画土星呢？因为九大行星中除了地球外，我只认得它。

STEP **02** 在土星前绘制一个简单的宫殿，让土星有半遮半掩的感觉。要留意宫殿要有透视感。

建议

采用一点透视法，消失点定在画面左侧，让前方的部分较大，后方明显较小，符合视觉规律。

STEP 03 用柔性喷笔50加上我们熟悉的阴影和反光，这个小宫殿就完成了。

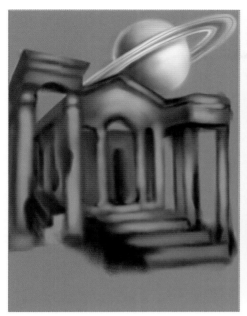 

1.6 ⋯ 主题和背景的结合

若以做菜进行比喻，目前已经把各种食材都准备好了：肉腌好了、菜洗好切好了，葱、姜、蒜也都就位了，就等着下锅快炒啰！

STEP 01 打开"小背景"文档，复制到"大背景"的图层中，模式改为 **叠加**。用 **变形** 工具把小背景调成想要的大小，放在画面左上角，并用 **橡皮擦** 轻轻把边界擦掉。

STEP 02 打开"人物"文档，把画好的人物复制到"小背景"图层上。为了有若隐若现的效果，单击"新建图层蒙版"按钮，新建一个空白蒙版。

STEP 03 选中 **图层蒙版** ，选取黑色，用柔性喷笔50轻轻刷在需要调淡的纱巾上，画布上的背景就慢慢透出来了。如果不小心把纱巾遮去太多，把颜色换成白色涂一下，纱巾就会回来了；若想要有若隐若现的感觉，就用灰色轻轻扫过，介于黑白中间的灰，在蒙版中显示的就是半透明的效果。完成后记得选中之前的图层，否则一直在图层蒙版里，是画不出来的。

STEP 04 新建一个图层，命名为"光晕"，放在小背景的图层之下。使用柔性喷笔50，在女神头部刷上接近白色的黄绿色。越接近头部下笔的力道越重，让颜色越真实；稍稍远离头部的地方则慢慢变轻，让颜色轻透，画出晕开的效果。

STEP 05 打开"星空"文档，再复制画好的星空放在最上层。由于星空的面积不够大，可以再复制一层，点选 **编辑\水平翻转** ，再把两幅星空折叠为一个图层群组。

STEP 06 把"星空"图层的模式改为 **叠加**，图层透明度降为56%，我们的女神就出现了，不过满脸都是星星，真是名符其实的"眼冒金星"。再次选择"新建图层蒙版"命令，用黑色的柔性喷笔50遮去碍眼的星星们。脸部的五官和身体的皮肤用黑色遮住，以保持肌肤的纯净；头发则可以用淡灰色，让星空稍微透出。

STEP 07 再新建一个图层，用柔性喷笔50极轻极淡地在右方添加淡玫瑰色的光晕，也在右上方增加一些光束。

STEP 08 为了让主体和背景更融合，用淡青色在头发和背景左上方的交接处直接加亮。同时也用纯白色把女神眼中的反光处加到最亮，让眼睛更有凝视的感觉。

STEP 09 画到这里，整幅画就大功告成了！随书光盘中也提供了阶段性创作完成的PSD文档，你也可以直接用这些文档，试着把这4幅画面融为一体，享受把主题融入背景的奇妙过程。画面中的女神凝视着光，站在石梯上的女子则朝着梦幻的殿堂一步步走去。希望怀抱着梦想的你也能看到内心的光芒，朝着自己的理想境界一步一步拾级而上，最终拥有自己美丽的殿堂。

Ace猫 绘

Chapter 2

悠久的童幻梦境

奇幻的乐园、迷惑却又不可思议、永无止境的美好梦境，"艾丽斯梦游仙境"是小时候耳熟能详的童话故事。长大后有许多不得不面对的现实，但又有多少人在忙碌中记得属于自己的梦想。在这幅作品中，我想用唯美的色彩和绚丽的画面，呈现兔子带领艾丽斯身陷梦境的感觉，虽然不安、疑惑，仍保持着希望，并朝追寻梦想的方向前进，并重新忆起曾经拥有过的梦。本章着重于日系人物描绘的教学，希望大家可以学会描线和上色的秘诀，背景部分则可见完成图参考临摹。

2.1 .. 绘制线稿——直接在电脑上构图

因为我习惯先有线稿再上色，所以清稿或是描线稿的步骤是少不了的。这次用来描线的软件是SAI，它可以轻松描绘出十分干净漂亮的线条，只要去SAI的官方网站就可以下载试用版啰！

STEP 01 首先在SAI软件中新建文件，点选 **文件\新建文件**，输入需要的尺寸：19.6cm×26.6cm，分辨率为300dpi。

STEP 02 打草稿时必须先想好整体构图，预想的画面是艾丽斯和兔子先生背对背坐在礼物堆上，呈现迷离的感觉。因构图较复杂，最好先画出基本的轮廓线，画面的角色形成稍微倾斜的三角形构图，记得要注意两个主角是坐在同一个箱子上，所以坐的平面要一致。

STEP 03 新建图层，将草稿画得更仔细，画出两位主角和大概的背景感觉，用不同颜色的线进行区分可以更加清楚骨架和草稿的关系，在构图的时候，最好将想要表达的重点放在靠近画面中间的部分。

STEP 04 目前艾丽斯的表情看起来有些呆滞，而且跟兔子先生有种距离感，所以针对艾丽斯的头部，修改成回头并带有一点无辜的表情，即可加重构图的稳定性，又可让角色之间产生呼应感。

STEP 05 修改完后草稿就完成了！用计算机画稿的好处，就是随时可以注意自己构图中的缺点，也方便修改！

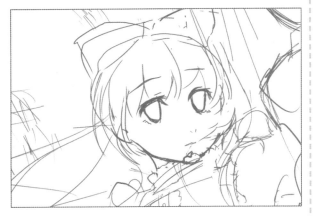

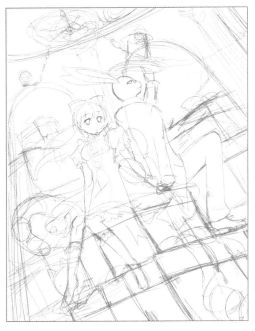

2.2 画出完美线稿

因 为这张作品主角的部分是线绘，所以线条成为画作中非常重要的一部分，完美、顺畅的线稿可以帮作品增添不少分数！

STEP 01 因为觉得人物在300dpi中看起来有点小，怕完稿后不精致，所以将分辨率变更为400dpi，将草稿的图层透明度降低，这样才看得清楚接下来要精细绘制的线条。

STEP 02 新建图层，命名为"艾丽斯线稿"，将两个人物的线稿分开精细绘制，这样不会不小心擦掉原本画好的线，记得要养成为图层命名的习惯，之后增加图层才不会变得混乱。

STEP 03 漂亮的线条最好能有粗细变化，因为希望画出干净漂亮的线条，所以我习惯用铅笔工具描线。风格柔美的图，不适合太粗犷的线条，建议控制画笔大小在3~5左右，并且浓度设为100%（线条才不会有浓度不均的现象），大家也可以在空白的画布上试画看看，并选择适合自己的画笔。

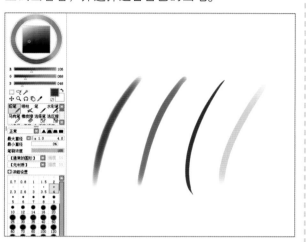

STEP 04 现在的绘图软件几乎都有旋转画布的功能，在SAI软件中旋转画布是按"Alt+空格键"组合键，再同时按住鼠标左键进行拖曳旋转，描线时也要适时地旋转画布到顺手的角度，从图示看得出来草稿其实相当潦草，描线的目的就是要画出细节，以及修正构图的错误，要有耐心地逐步勾勒出草稿。

STEP 05 描绘头发时因为觉得草稿太过杂乱，可先关掉草稿，再新建一个图层，直接大胆地画吧！先勾勒出大致外形（要注意头发是从头顶延伸下来的，画的时候要注意发流的方向），并随时用橡皮擦工具修整，之后逐步加上细节。但并不需要画出每一根头发，线条太复杂，头发看起来会过度厚重，风格也会显得老派，有重点地加上细节就好，剩下的留到上色时再进行处理。

STEP 06 描绘头发算是比较难的部分，因为它相当柔软，所以特别讲求线条的流畅和自然！头发的弧度若能用一笔画完是最理想的，艾丽斯拥有一头飘逸的长发，想一笔完成比较困难，笔画之间必须要练习到可以顺畅地衔接，平常多做描绘曲线的练习会有很大的帮助。

STEP 07 要特别注意发梢要尖尖的收尾才会好看！如果看起来不够尖或是有杂线交错，就用橡皮擦工具修整吧！能做到直接画出尖端的收尾是最好的！头发如果带点曲线的感觉，效果会更自然。

STEP 08 头发处理好后，就可以与"艾丽斯线稿"图层合并了，接着再描绘头上的蝴蝶结。画到这里还别急着完稿！可以点选 **图层\水平翻转图层**，检查线稿有没有不平衡的地方，检查完毕要记得翻转回来。

STEP 09 新增"兔子线稿"图层，描绘兔子先生的线稿，请注意气球和布幔的风向要和爱丽丝飘逸的发梢一致。在此人物的线稿告一段落！背景的部分可之后再处理。

提醒

请记得要养成随时保存的习惯，存储的文件格式请选择PSD，因为之后要置入Painter和Photoshop中，上色和进行后期处理会比较方便。

2.3 ... 主角的上色

STEP 01 先在SAI软件中进行填色，分图层填上底色是为了让之后的上色更方便，也可以观察配色的状况。如果是封闭的线段，就在线稿图层中使用魔术棒工具进行选取。

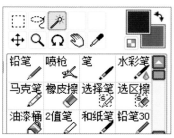

STEP 02 调整色差范围取得理想的选取范围后，点选 **选择\扩大选区1像素**，才能确保边缘也被选到。

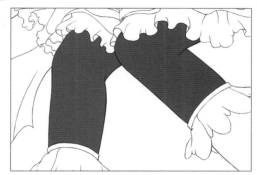

STEP 03 新建图层填色，命名为"a肤色"，因为接下来会有很多图层，请分别进行命名。

STEP 04 依次新建图层进行填色操作，依照不同颜色或是部位进行归类。遇到开放线段或无法用魔术棒选取的地方，就用画笔上色，不小心超出的区域用橡皮擦擦掉就可以了！

STEP 05 依次填完底色后，一定要再仔细检查是否有没填满的地方。新建图层调整到最下方、选择对比较强烈的背景色填满，就可以明显看出哪里有漏洞了，再利用画笔工具补满。检查的时候可以关掉其他用不到的图层，除了可以看得比较清楚之外，还可以避免涂错图层。

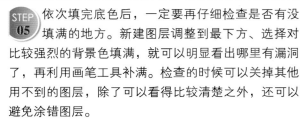

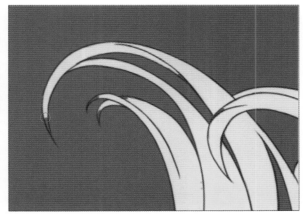

STEP 06 新建两个图层组，分开管理兔子和艾丽斯的图层，不用的时候就可以折叠起来，使其不会变成一长串。

STEP 07 最后检查一下配色是否妥当，接着就可进行Painter上色了。

2.4 ⋯ 进入Painter并设定画笔

STEP 01 我习惯使用的工具非常单一，在上色阶段只需要喷笔工具，先选择一支柔性喷笔，但预设上色的感觉过于柔软了！所以要重新设定画笔。

STEP 02 点选 **窗口\画笔控制面板**，更改画笔设定，勾选要调整的选项：常规、笔尖剖面图、大小、间距。各位可以参考数据调整，调整出一支大小变化顺畅，并且颜色饱和的画笔，在勾勒更多细节的时候会比较好用。

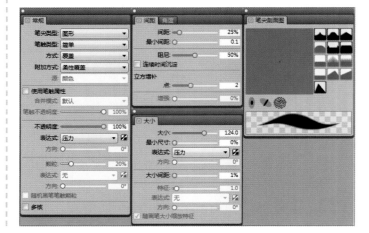

STEP **03** 调整完后可以很明显地看出调整前后的差别，下图是预设、上图是调整过的。

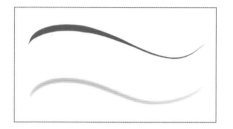

STEP **04** 橡皮擦也可以先设定好。我选用的是 **锥形橡皮**，同样点选 **窗口\画笔控制面板**，把 **大小** 选项中的 **最小尺寸** 调成 0，处理细节时会比较方便。接着就可以使用刚刚设定好的工具开始绘画了！

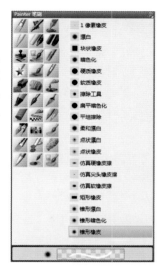

2.5 ... 肌肤

STEP **01** 之前上的底色在这时就会发挥作用，首先选取要上色的图层，并选中 **存储透明度** 选项，选中该选项可以让阴影绘制在这个图层已填色的范围内。

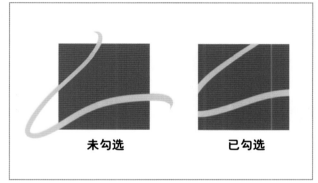

未勾选　　　　　已勾选

STEP **02** 先绘出大致的阴影，虽然这张图最后的效果比较迷幻，但最好还是统一光源，主光源从右上方斜射下来，之后在迭色时要注意依照光源的走向去绘制光影。

光源方向

STEP 03 接下来要开始叠加阴影，先做个渐变层的示范：在底色刷上第二层颜色，发现中间的颜色变化不太顺畅，就用吸管工具吸取中间色偏亮的颜色，逆向刷回去，看起来就会是漂亮的渐变层，接下来不管要上几层，做法依此类推即可。将背景色改成紫色，我想象中的背景会偏紫色，这样比较方便观察上色。

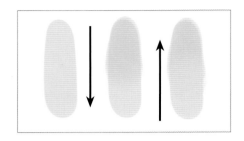

STEP 04 利用加重阴影的方式增加脸部立体感，上色的时候要善用吸管（按住Alt键）先选择图上的最深色，再调整加深颜色，阴影色可以选偏紫红色的颜色代替灰色，颜色看起来会比较干净。用这种方法上色可以避免颜色落差太大。

STEP 05 因为艾丽斯是个可爱的少女。不要选择太艳丽的颜色，画出淡淡的唇彩。

STEP 06 降低画笔流量，随时调整画笔不透明度可制造色彩自然重叠的效果，笔触轻轻地由外往内，在脸颊喷上淡淡的红晕，让艾丽斯的脸颊增添一点血色。

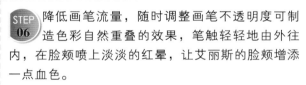

STEP 07 手脚的画法也差不多，反复做叠色再进行修细的操作，叠色的时候要顺着曲线的方向去画，可增加细致度，也能保有柔软度。因为这张图是属于比较日系可爱的画风，细节不需处理得太真实。

STEP 08 改变线条的颜色，让它更加融合于人物的肤色，选择艾丽斯的线稿图层，选中**存储透明度**的选项，选择相近的颜色直接在线条上上色，如果想要更细致，可以顺便喷上一点渐变层，上过色的感觉看起来比较柔软，在完成图中可见明显的差异。

线条未上色

线条已上色

STEP 09 上完线条的颜色后，再进行最后的修整，局部加上一些亮边缘和亮点，将阴影和亮面处理得更仔细后，人物的肤色就可先告一段落了。在此并没有运用什么特殊的画笔或是技巧，纯粹是利用画笔不透明度和不同颜色之间的重复叠色来进行绘制的。

2.6 ··· 眼睛

STEP 01 切忌将眼白画成死白色，从眼白上下往中间喷上紫红色的渐变层（要留一点白色），上面的比例稍微大一点、重一点。

STEP 02 加重睫毛的阴影，最后加上白色反光点就完成了眼白部分的绘制。

STEP 03 先在外围一圈由下往上画出较深的蓝色渐变层，再画出瞳孔的位置。

STEP 04 由上往下加深眼睛的渐变层（约到眼睛一半的范围），然后从下往上加深瞳孔的颜色，反复几次，最后顺着睫毛的轮廓呈现弧形，画出上方睫毛的阴影（要和眼白的阴影连续）。

STEP 05 用小画笔点缀细节，加上比较亮的颜色，要顺着眼睛结构，用弧形、圆形或放射状的形状去加。

STEP 06 最后加上最亮的反光，反光的画法，在此先用亮蓝色作底，再点上白点营造深度。把细节处理得更细致，并且对眼睛的线条上色，调整完毕就Ok了！

2.7 ... 头发

STEP 01 分别从发根和发梢顺着发流方向往内喷上从深到浅的渐变层，发根稍微深一点，发梢只需要喷上一点点，先确定重量感的分布。

STEP 02 因为头发又轻又飘逸的特质较难处理，先进行初步的修细，利用吸管工具和画笔，吸取渐变层中的颜色，逐渐加强阴影表现。

STEP 03 因为想象中的发色是深金色，目前看起来立体感不够，新建一个图层，设置混合模式为**胶合**，调低画笔的不透明度，加重头顶、发尖，加完之后擦掉画出去的部分，再与原本的头发图层合并。

STEP 04 头发的线条也上色后，针对阴影细部再做最后的处理，让细节看起来更自然，细节不需处理得过于写实和复杂，用色块式的画法画出重点即可。

STEP 05 用肤色从下往上轻轻画过靠近脸部的刘海，看起来会比较轻盈。

STEP 06 新建一个图层，加上头发的反光。先选一个接近白色的黄色，我习惯先大范围地加上反光，再用橡皮擦工具修整，最后看起来会像是渐变层，之后再把多出去的地方擦掉，与原来的图层合并。

STEP 07 新建一个图层，命名为"发丝"，放在线稿的图层之上，勾勒出一些细发丝（不要加太多），可以增加头发的轻盈飘逸感，到现在头发已经大功告成了！

2.8 … 棉质衣料

STEP 01 接下来要处理衣服。首先是蕾丝和裙摆的部分，先画上第一层的阴影，简单定好位置，再加上第二层阴影后进行细修。

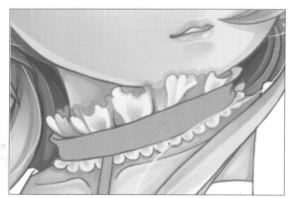

STEP 02 增加亮面时要考虑到布料的质地，因为是棉质的蕾丝，反光的效果不会很明显，稍微把受光面加亮一点，再用白色把亮边勾勒出来就可以了。

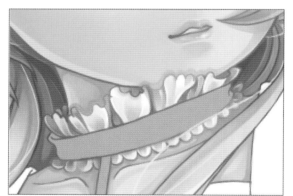

STEP 03 我喜欢在作画时引用其他的色系，新建一个图层，设置混合模式为**上色**，喷上淡淡的粉红色，让画面色彩更丰富，但要注意颜色之间的搭配是否得体。例如，蕾丝上面蓝色中带有一点粉红，叠起来的交界处就会是顺畅的紫色，尽量选相近色，叠在一起时就不会显得有脏的效果。

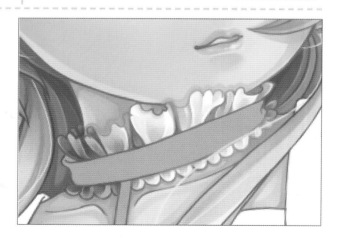

STEP 04 同样是棉质的白色的蝴蝶结、围裙等，可按蕾丝的画法进行处理，棉质衣料比起缎布衣料会稍微硬一些，所以处理光影时要利落一点，布料的褶皱可以多观察实际的衣服或是拿块布做参考，会有很大的帮助。

2.9 缎布衣料

STEP 01 蓝色洋装的衣料是缎布，质感的表现和棉布会有明显的不同，缎布、丝绸类的布料会较柔软且具光泽感，首先画出整体大致的阴影。

STEP 02 缎布的转折处较棉布圆滑，反光和阴影的对比效果非常明显，但亮暗交界处却比较模糊，在视觉上是柔亮华美、质感强烈的布料。阴影部分可以反复用亮暗面进行修饰，处理完褶皱的感觉之后，再加上明显的反光即可。

STEP 03 最后对光影做最后的修饰，稍微把洋装的饱和度降低一些，突显艾丽斯瞳孔的颜色，并将剩余的配件画完，艾丽斯的描绘就告一段落了！

2.10 兔子先生

STEP 01 先完成兔子先生的头部，构造比人脸简单许多！同样要掌握整体光影的大原则，因为兔子是动物，笔触需较为柔软，稍微用细画笔勾勒一些绒毛，有点毛茸茸的感觉才可爱，眼睛则可参照艾丽斯的画法。

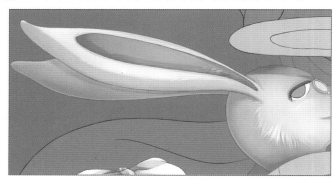

STEP 02 脸上挂着的单片眼镜外框是金属质地的，就要画出闪闪发光的感觉，镜片则要带有一些透明感，会透出一点毛色，两者都是反光很明显的材料。

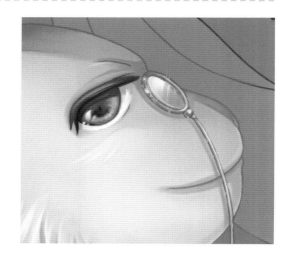

STEP 03 服装可参照艾丽斯的服饰绘制，西装布料的感觉较接近棉布，其余部分则是皮革、缎布的效果。

STEP 04 最后要完成兔子先生手中拿的气球，为达到最终效果，先重新排列图层，将气球图层放在艾丽斯线稿之上。

👁 ▢	发丝
👁 ▢	兔子线稿
👁 ▢	气球
👁 ▢	爱丽丝线稿
👁 ▶	爱丽丝
👁 ▶	兔子
✎ ▢	草稿（修正）
👁 ▢	图层 1

STEP 05 气球的渐变层比较平滑，依气球的形状先喷上边缘较暗处，再加上次亮的亮面，最后加上反光。为了让气球与人物融合，在气球周围画上淡淡的蓝色反光，看起来会比较自然。

STEP 06 调整气球图层的不透明度为92%，可略透出主角的颜色。接着复制气球的图层，移动一下位置，将下方图层的混合模式设置为 **胶合** 后，再降低不透明度至75%，最后用橡皮擦稍做修整就完成了气球阴影的绘制了，至此主角的上色也就大功告成了！

2.11 ... 中景——箱子堆和悬挂的画框

STEP 01 背景的草稿可当做概念的参考，理想的背景需具备前、中、后景的层次，整体的氛围是梦幻的室内空间，主角们位于中景左右的位置。这张图想营造些许仰望的视觉效果，可直接在人物图层下新建图层进行描绘，为了方便处理，可分成主角坐的箱子、前景的箱子以及较远的箱子，先将箱子的位置大致画出来。

STEP 02 大致确定构图和透视感后，先关掉人物的颜色图层，再处理箱子的明暗和细节，依据方形的外形描绘笔法，因为箱子是硬质物体，要依照物体的质感改变画法，呈现直线状的笔法重复堆栈、笔触较硬，转角处的处理必须要干净利落。

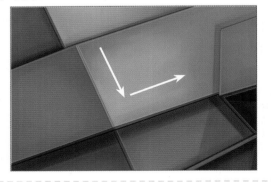

STEP 03 前景的箱子（尤其是主角所坐的），要选择较饱和的色彩，详细处理细节才能让箱子从画面中突显出来，切忌颜色不能压过主角；较远景的箱子则使用稍微带点灰阶、较淡薄的寒色系，才能表现出中后层的距离感。

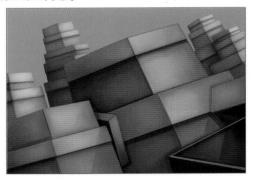

STEP 04 新建图层，帮一些箱子加上漂亮的缎带、摆放的玩偶等小对象，可以让整体看起来更生动可爱，最后记得要加上这些配角以及主角的阴影。

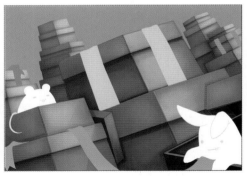

STEP 05 在两层箱子之间新建一个图层，在兔子先生右侧的位置增加两个中空的画框。画出大致的轮廓后，刻上一些细致的花纹，最后画一些紫黑色的细绳将画框悬挂在半空中（记得要画出反光），可让画面增添迷幻、古典气氛！

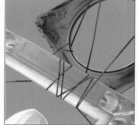

小秘诀

处理箱子和画框等对象的直角和轮廓，可以利用直线笔迹重复堆栈，操作起来十分快速简便。

2.12 远景和最前景——欧风拱窗和书柜、缭绕的烟

STEP 01 在背景图层上，任意刷上从左上渐变到右下、颜色从粉紫色到深紫色的渐变层。

STEP 02 利用接近渐变层颜色的亮色和暗色，勾勒出拱窗和罗马柱整体的轮廓（要注意必须符合箱子的透视规则）。接着利用反复的刻画加强细部，呈现背景该有的立体感，墙壁和箱子一样是硬质对象，要尽量将交界处处理得干净利落。

STEP 03 这 张 图 的 背 景 比 较远，所 以 不 需 过 度 强调细节，拱窗的内部可以在Photoshop中处理，接着画出墙壁前的书柜，比例大概占画面的一半，刻意呈现弧形的书柜，能呈现出较有张力的视觉效果，同样可将书柜与书本循序渐进地进行仔细描绘。

STEP 04 在画面底部加入一些烟雾，可以带出虚无飘纱的感觉，使用不透明度较低的画笔，用"点"的画法大致把位置确定后再细修，完成后调低不透明度约为75%，并在前方多加上两条黑色线平衡画面。在Painter中的绘制步骤到这里为止，接着要进入后期制作阶段！

2.13 ... 后期

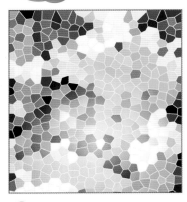

STEP 01 在Photoshop中打开文件，完成尚未处理的拱窗。先打开一张色彩缤纷的照片或图片，选择 **滤镜\滤镜库** 命令，在对话框中选择 **纹理\染色玻璃** 选项，可以按照喜好调整参数。

STEP 02 将做好的花纹置入作品中，不透明度先调低为70%，擦除多余的图案。

STEP 03 全选染色玻璃，在图层中按Ctrl+左键组合键后，接着使用 **选择\修改\羽化** ，将羽化设置约50，再反转选区＋Delete 键，花窗周围会呈现较为朦胧的氛围。

 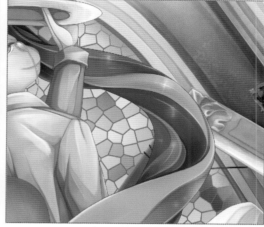

STEP 04 再复制一个新图层，将混合模式调成 **线性光**，看起来会比较明亮，即完成彩绘玻璃的制作。

 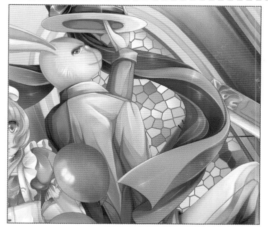

STEP 05 删除最左边拱窗中间的颜色，置入准备好的方块素材，略微变形后可得到下图效果。

STEP
06
在所有图层的最上层新建图层，设置混合模式为 **滤色**，加入一些亮点，闪闪发光的亮点可以让画面看起来更加唯美梦幻。

STEP
07
合并所有图层，并复制两个新层，最上面的图层调整不透明度为70%，中间图层执行 **滤镜\模糊\高斯模糊**（半径约5左右），执行完毕后将不透明度降至40%，加入模糊的目的是要让画面看起来更柔美，最后将全部图层合并，这张"悠久的童幻梦境"就完成了！

©悠久的童幻梦境／Ace猫

Chapter 3

巧遇

当初只是单纯地想画出熊猫母子的可爱模样，可是在Painter丰富画笔效果的煽动下，让我开始有了其他想法，因为纯粹的动物画像已经渐渐不能满足我们创作的欲望了！

从可爱的熊猫变成具有魔鬼元素的造型，感觉上虽然很怪异，但仍不掩它们原本憨厚可人的特色，因此我突发奇想又新增一组与它们互相呼应的人物——天使与狗。我对天使的处理是采用逆向操作的方式，在个性与造型上赋予他冲动与叛逆的坏小子特质，而可爱的小狗也长出了诡异的下半身。

细细品味整个画面，仿佛在告诉我们，所有的善恶往往就在一念之间，光凭外表或角色定位根本无法看出谁是谁非，但有一点是可以确定的，最后抢到那把魔鬼叉子的人一定是坏蛋！

画笔设定

**粉笔和蜡笔
中型钝头蜡笔**

用在比较细致表面的处理，其笔触特性与柔性喷笔相类似，经过一些修改设定之后，色彩的堆栈会更具绵密的延展性。

【设定】常规：覆盖方式\柔性覆盖；不透明度：10%；间距：14%

**喷笔
毛发**

绘制浓密细致的毛发，最常用在动物毛皮的表现，可以省去慢工雕琢的时间，同时也具备整体毛色变化的协调性。

【设定】新建一个画布（10×10cm，100dpi），使用柔性喷笔画出如左图样，用矩形选区工具进行框选并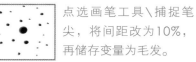点选画笔工具\捕捉笔尖，将间距改为10%，再储存变量为毛发。

**喷笔
中空画笔**

用柔性喷笔修改设定的画笔，可描绘稀疏而独立的毛发，因其中空线条具有透明感，在毛发堆栈时特别有层次感，在此将独立储存变量。

【设定】不透明度：10%；间距：10%；笔尖：▭

**喷笔
材质纹理**

可用数码喷笔设定修改，更改后的特性可与纸张材料库的纹理搭配使用，做出手工不易绘制的表面质感效果。因为使用率颇高，所以也将储存变量为材质纹理独立出来。

【设定】常规：覆盖方式\颗粒柔性覆盖；颗粒：100%；间距：14%

**喷笔
云朵**

这支笔也是用柔性喷笔改装，顾名思义，用它来画云朵、云层最轻松不过了，就算新手也很容易上手喔！

【设定】235；笔尖：▲；抖动：1.25；大小间隔：5%

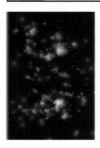
**着色笔
撒盐**

与特效/发光有异曲同工之妙，可以喷洒出像仙女施展魔法的光粉，但只有一种亮白的颜色，多半被运用在比较细致的表面反光处。

这特殊笔触可以运用在类似蝙蝠翅膀的肉翼纹理上，也可拿来画爬虫类动物的表皮触感，有时候也用来表现树干纹理，只要适当调整间距与抖动，就能创造出与众不同的特殊效果。

【设定】新建画布(10×10cm，100dpi)，以椭圆选区工具拖曳出正圆区域，使用中空画笔在范围内画出不规则圈圈图样，取消圆形选取区后再以矩形选取，用柔性喷笔修改设定，点选画笔工具\捕捉笔尖，将间距改为34%、抖动调为0.62，最后储存变量为圈圈笔。

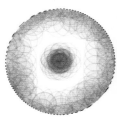

图案画笔\图案粉笔和厚涂\图案厚涂：二者运用原理是相同的，其效果是将已捕捉的图案图样做连续性的衔接，这样可以省略许多重复性图案的绘制时间，也能随画笔方向做出流畅自然的转折效果，两者不同之处是后者同时具有金属光泽的立体感，是相当方便实用的画笔工具。

【设定】找一张经过去背处理的链条局部图当图案捕捉图样，以矩形选区工具选取之并点选窗口/媒体控制面板/图案/捕捉图案，并储存图案名称。

提醒

图案图样的左右边必须处于同一水平高度，才能够精准衔接，否则绘制连续花纹时会有不自然的接缝。

3.1 ··· 背景设定

STEP 01 先新建一个26cm×19cm，分辨率为300dpi 的画布。在颜色环上选取天蓝色的中间色调，并用油漆桶工具将色彩填充在画布上。

STEP 02 点选 **照片\减淡**，用轻微的力道以转圈和拖曳 的方式，将蓝色天空局部区域淡化做出云朵的 光泽效果，在此只要留意用笔的力道就可以画出云朵 的明暗层次。

3.2 ··· 主角打稿与细节描绘

STEP 01 在画布上方新建一个图层，用 **丙烯画笔\鬃毛画笔** 概略描绘出熊猫母 子的轮廓特征，在此步骤尚无须描绘过多的细节，因为目前还在构思阶 段，整体造型随时都会跟着设计感而有所改变，所以只要将大小比例与位置 确定即可。

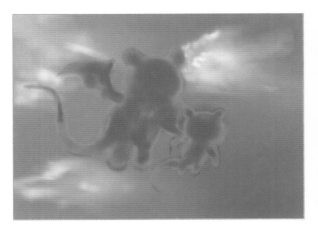

STEP 02 利用 **照片\燃烧** 与 **照片\减淡** 两支笔的明暗变化功能，画出外形和初步特征。

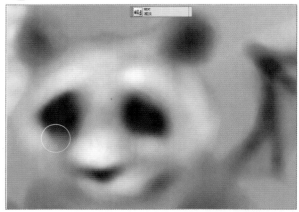 

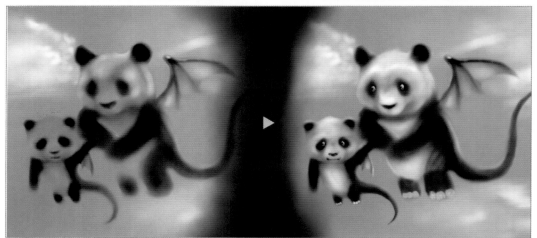

STEP 03 打开 **窗口\纸纹面板\纸纹**，选取纸纹材质里的粗糙水彩，这是Painter 12内建的现成纹理，如需其他特别质感的纸张纹理，可自行绘制或是直接从其他参考图捕捉运用。

STEP 04 选用设定好的材质纹理笔调整出适当的画笔大小，依照光影明暗的关系选取偏暗的色系在毛发较蓬松的部位画上粗糙水彩材质，这样可以表现出短而卷曲的皮毛外观，但不可将身体全部都涂满同样的纹理，因为这样看起来会太刻板没变化，其他毛发较长的部分则使用其他笔触表现。并且依据各部位远近与明暗关系来调整纸张比例、纸张对比度和纸张亮度，必要的时候，也要做反转切换来适应图像的变化。

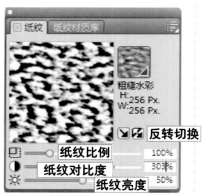 

STEP 05 身体和脸部的短毛可使用经过修改设定好的 **喷笔\毛发** 画笔绘制，绘制时最重要的是要留意每个角度的毛发生长方向，并根据光影明暗随时变换毛发色泽，原则是由暗色系开始画起，越亮的部分留到越后面完成。手臂与背部较长且粗的毛可用 **喷笔\中空画笔** 绘制，记得调整好手腕用笔的流畅度，以比较顺畅飘逸的方式表现长且疏松的毛发。

STEP 06 眼睛的画法是用中型钝头蜡笔先将整个眼珠以几近黑色调的深蓝打底，再以铁灰色画出眼白的部分，需特别注意眼球弧度所造成的渐层关系。瞳孔部位以纯黑色来画，在黑眼珠下缘的第二受光区用带点亮度的蓝色来处理其透明感，并搭配 **照相\减淡** 抹出反光的渐变层。

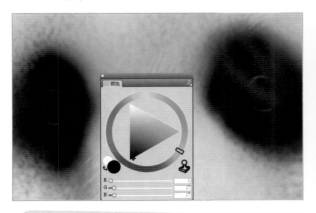 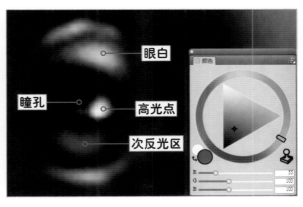

提醒

一般人都用纯白色来画眼白是不正确的，真正的纯白只被用在最主要的反光点上。

3.3 ·· 外形创意设计

STEP 01 当整体的造型画到这里时，还可以随时改变想法，让画面更具有故事性，增添创作上的乐趣。原本看起来平淡无奇的熊猫腿用中型钝头蜡笔修改成类似八爪章鱼的造型，而浑圆可爱的耳朵刻意将它改成带点邪恶的尖角。并且利用材质纹理画笔选取纸纹材质里的热压纸替身体及触须画上表面质感。

STEP 02 在两只熊猫的尖角上做一些设计，并依上述方法在表面任意贴上一些纹理。接着使用 **特效笔\发光** 选取暗色区域的各种色彩为尖角、毛发、翅膀和触须打上环境光。当身体的色彩丰富之后，使用 **特效笔\扭曲** 画笔在大猫熊的触须上拖曳出尖刺状的构造。最后在触须的转折处用 **照片\减淡** 点缀出湿润的光泽，做到这里，我们可以发现大小熊猫在成长差异上的趣味设计已经完成了。

提醒

特效笔\发光画笔的用色必须在带有颜色的区域才能画出彩色光芒，越往灰阶区域其效果越接近白光。

3.4 ... 翅膀质感制作与动态处理

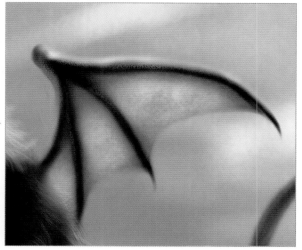

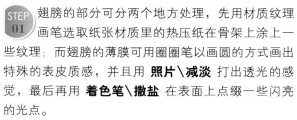

STEP 01 翅膀的部分可分两个地方处理，先用材质纹理画笔选取纸张材质里的热压纸在骨架上涂上一些纹理；而翅膀的薄膜可用圈圈笔以画圆的方式画出特殊的表皮质感，并且用 **照片\减淡** 打出透光的感觉，最后再用 **着色笔\撒盐** 在表面上点缀一些闪亮的光点。

STEP 02 接下来要为拍动中的翅膀制造一点动态的效果。首先用多边形选区工具圈选翅膀的部分区域，然后选择 **效果\焦点\动态模糊**，在对话框中调整动态数值，确定之后再按Ctrl+D键取消选区即可。

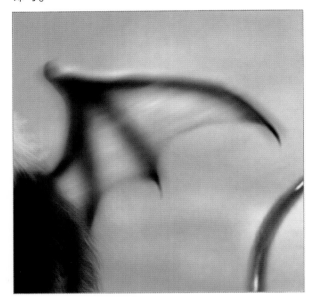

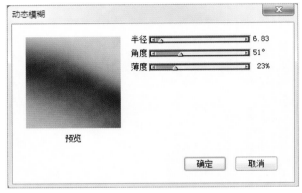

3.5 ... 天使与小狗造型设计

STEP 01 天使的画法与熊猫类似，都是先用 **丙烯画笔\鬃毛画笔** 打稿，再用中型钝头蜡笔修饰轮廓和细节，并且使用 **调和笔\加水笔** 做颜色渐变层的处理。

 ▶ 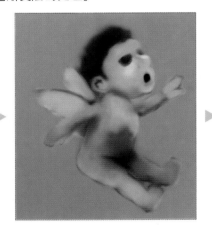 ▶

STEP 02 将天使稍微变形压扁（快捷键：Ctrl+Alt+T），使整体曲线更柔和自然些，然后继续修饰细节。

STEP 03 头发与翅膀的画法：头发的部分则用毛发画笔和圈圈笔搭配堆栈，天使的翅膀在简单上色后用 **特效笔\挤压** 画上脉络纹理。

STEP 04 使用 **特效笔 扭曲** 拉出庞克发丝并将翅膀末梢也拉长，再以 **特效笔\发光** 给头发和翅膀上点彩色荧光，然后以 **着色笔\撒盐** 散布一些光点。

STEP 05 小狗、锁链与钢叉：用 **丙烯画笔\鬃毛画笔** 打稿，再用中型钝头蜡笔修饰轮廓和细节。记得画上魔鬼钢叉预留伏笔，让画面的故事产生延展性。

 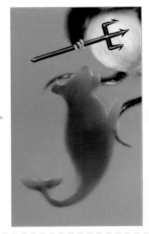 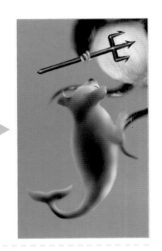

STEP 06 小狗的身体可用图案画笔选择纸张材质里的沙质粉蜡笔纸画上短毛质感，而一双羽翼则用 **丙烯画笔\鬃毛** 画笔打稿，再用毛发画笔顺着羽毛生长的方向耐心修饰即可完成。

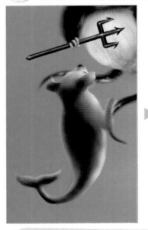   

提醒

天使和狗要各新建一个图层绘制，以便可以随时调整位置！

STEP 07 锁链绘制与装饰：利用前述所捕捉的链条纹理，以 **厚涂\图案厚涂** 及 **图案画笔\图案粉笔** 分别绘制链条的部分，并记得在小狗身上打上链条的阴影。

STEP 08 在天使图层上面新建一个图层，并将图层混合模式设置为 **叠加**，用中型钝头蜡笔在该图层上画出刺青的图样，这样的图层效果会将图案与肌肤巧妙结合在一起。最后使用 **厚涂\软胶** 画出天使身上的肚脐环和耳环，可以增添天使的叛逆性格。此外，魔鬼钢叉上面的装饰纹理也是用同一支笔来刻画出来的。

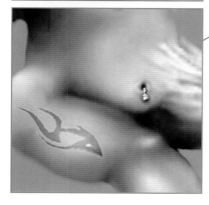

提醒

项圈上的立体凹洞可用厚涂\厚涂颜色擦除一颗颗"挖"出来。继续用照片\燃烧和减淡加强天使及小狗身上的色彩与光影变化，然后再以特效笔\发光和着色笔\撒盐来点缀局部光泽。

3.6 配件与细节修饰

 ▶  ▶

STEP 01 小提包的画法：先用中型钝头蜡笔画出包包的雏形，修饰细节后再使用 **照片\燃烧和减淡** 处理光影变化。背带和皮包表面的质感则使用图案画笔搭配纸张纹理"热压纸"和"沙质粉蜡笔纸"绘制。小提包上的金属扣环则是用 **厚涂\软胶** 画出来的，铆钉的部分也是用这支笔原处画圈所产生的颗粒效果，如果你觉得装饰画面还单调的话，可以加上自己喜欢的图样。

 ▶

STEP 02 光影与细节修饰：最后的细节整理着重在身体与周遭环境光的设定，在上光影效果之前，必须先将作用图层设定成存储透明度，这样可以确保上色区域的精准范围。先用 **照片\燃烧和减淡** 整理各部分的阴影关系，再用 **特效笔\发光** 选用各种环境光源颜色来让毛发、翅膀与触须的光影更缤纷多彩，最后在触须的根部用 **着色笔\撒盐** 点缀上光泽。

3.7 · · 背景的绘制

STEP 02 新建图层，以中型钝头蜡笔绘制天空上飞行的怪物，大约只要画两种类型即可。其余的数量可利用 **选择\浮动** 来补足，先用矩形选取工具将之选取，再同时按住 Ctrl+Alt 键以拖曳的方式复制出数个相同图案，将复制的怪物个别缩放、翻转、旋转、移动，就能让天空热闹起来。

STEP 01 使用 **照片\燃烧和减淡** 将背景天空继续做出云朵层次的感觉，再搭配 **特效笔\发光** 把局部区域画出天蓝的亮光。

STEP 03 对于较远处的飞行怪物，可以用 **照片\模糊** 涂抹制造出远景的模糊效果。最后再用 **特效笔\发光和图案画笔** 为怪物们打出具有彩度的光泽与外观质感。

3.8 ···· 云彩的画法

STEP 01 先以圈圈笔在天空上打出明暗两色调的层次感，右上是黑暗，左下是光明，这样可以衬托出正邪交锋的氛围。

STEP 02 选用云朵笔将抖动调到1.82，并搭配底色画出疏密有致的云层。

STEP
03
再将抖动调到0.72，画出比较迷蒙的云雾，并检查各局部继续改变抖动的大小，让云朵的形状、分布更显得自然。

STEP
04
同时记得搭配 **照片\燃烧和减淡** 控制云层的明暗。

3.9 闪电的画法

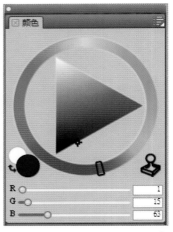

STEP 01 选取蓝黑色后，先将 **特效笔\发光** 画笔稍微放大，以极轻的力道在云彩图层上将较粗的闪电光芒刮出来，记得保留原来选取的颜色，不可全然涂成白光。

STEP 02 接着将画笔缩小，在原来较粗的闪电光芒中心继续刻画出更亮的白光。

STEP 03 其余零星的闪电纹理则以极轻的力道刮出自然的荧光蓝线条即可，根据闪电的光源位置在熊猫和飞行怪物身上选取适当颜色同样以 **特效笔\发光** 画笔画上环境光。

3.9 ... 七彩光圈的画法

STEP 01 再从云彩图层上新建一个图层，并设置混合模式为 **仿古色**。选择中间色调的黄色。

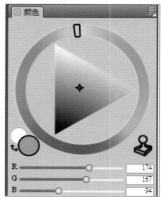

STEP 02 用 **特效笔\发光** 画笔轻轻画出一个圆圈，透过图层特效便可形成七彩的光圈。

STEP 03 合并图层：最后将多余的图层合并起来并保存，即告完成！

©巧迪／阎超

羿武 绘

Chapter 4

Nymph.Mermaid

宁芙（Nymph）取自于希腊神话，是一介于人神之间，以美丽少女形象存在的灵魂，常以随从姿态出没于诸神身旁，存在于山林原野、溪涧深海里，且多为自然界中的小守护神，是拥有大自然能量的美丽精灵。

希腊神话中关于她们的恋爱故事，多以美丽女子的形象出现。

Nymph让我联想到的是美丽的精灵，蝴蝶在身边飞舞着，蝴蝶身上有着梦幻般的色彩，色彩中有着宛如大海般的透明感。在大海中能够跟美丽相提并论的，我认为就是美人鱼（Mermaid）。在无限的想象延伸下创作了这张Nymph.Mermaid。凭借这种延伸性的联想，相信你也能创造出属于自己的独特构图。

4.1 画笔设定

Painter每支画笔效果都各有特色，我对大部分画笔都使用原有的设定，因为不同的需求才会更改某些画笔的一些设定。最常使用是着色笔普通圆笔，它在大体笔触上有非常不错的感觉，也拥有非常好的调和性作用，在作画过程中我喜欢去尝试平常较为少用的画笔，常会发现意想不到的惊喜，其他画笔的应用方式将会在示范过程中为大家介绍，希望对喜爱绘画的你有所帮助。

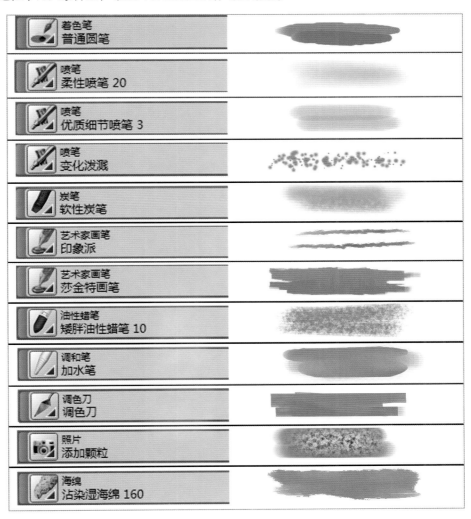

着色笔
普通圆笔

喷笔
柔性喷笔 20

喷笔
优质细节喷笔 3

喷笔
变化泼溅

炭笔
软性炭笔

艺术家画笔
印象派

艺术家画笔
莎金特画笔

油性蜡笔
矮胖油性蜡笔 10

调和笔
加水笔

调色刀
调色刀

照片
添加颗粒

海绵
沾染湿海绵 160

4.2 人物、构图、光线

STEP 01 一开始先将画布用 **油漆桶** 填充浅灰色，此设置可以使视觉较不容易疲劳，亦可避免因白色背景所带来的视觉错乱，接着再新建图层，命名为Mermaid，点选 **优质细节喷笔3** 深灰色调，透明度为100%，在构图中大致画上人物形体，以影子的方式描绘想象的动态感。

STEP 02 以线稿的方式依影子形体画出轮廓，使用这种方式是为了在绘制线稿的过程中，能够更快速地抓住姿态的准确度，以及构图的整体感，目前尚不必执著于细节的精致度，只需先绘出形体即可。

提醒

若读者们习惯先画线稿，建议在完成后可以试着涂上一层底色，就可以发现人物在画面整体比例和姿势上，或许会有需要调整的空间。

STEP 03 调整优质细节喷笔3，不透明度为15%，色彩浓度为30%，色彩混合为50%，单击从下层选择颜色按钮，调整成为叠加笔触作为灰阶上色用笔。

 ▶  ▶

STEP 04 绘制出线稿构图后，就要设置光源位置，以能表达图中气氛的方式决定光线来源，主光源为人物前方右上45°角，其余辅助光源可以待整体绘制出来后将其放置在最佳位置，将角色由主光源的方向，以灰阶上色即大致完成。

STEP 05 新建一个图层，命名为背景图层，目前所有显示的图层为灰阶底色的画布、Mermaid图层，以及背景三个图层，我在背景图层上添加第二个光源为日落，当做构图中的次要光线逆光，也是先以主光源、反光、暗部，来呈现黑灰白三种色调的层次。

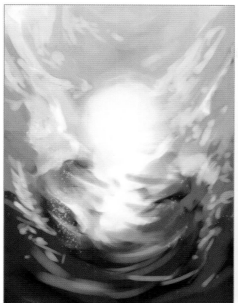

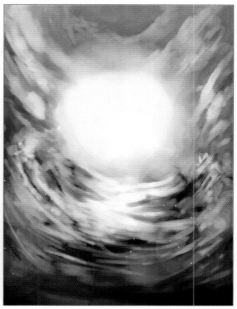

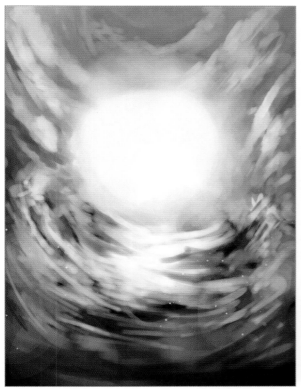

STEP 06 在绘制背景的过程中，可以更大胆地去营造气氛，我喜欢利用多样的画笔，以随意涂鸦的方式去尝试效果，此图能应用到的画笔有优质细节喷笔3、海绵/沾染湿海绵160、变化泼溅，要注意的是，背景内的光源要和人物有一定的方向性。

STEP 07 通常我会在灰度图稿中处理20%以上的完整效果，灰度图稿中画得越精细，有助于提高往后的上色过程的处理速度，我习惯先将人物以裸身的方式呈现，若要再加上任何衣物或饰品，都便于处理修改。

4.3 整理与上色

STEP 01 上色前我会先利用Photoshop的变形工具调整人物位置，先以任一选区工具框选欲调整的对象，点选 **编辑\自由变换** (快捷键为Ctrl+T)，在选取范围内单击鼠标右键，选择变形功能，再点选边缘以及控制点调整强度来做人物整理，也可使用滤镜内的液化滤镜做细部微调。

STEP 02 接着要为灰色调添加整体色，在Photoshop中点选 **图像\调整\变化**，选择你想要的起始色调，接着点选 **图像\调整\色相\饱和度**，调整整体颜色，背景图层也是应用相同方式。

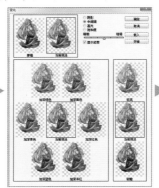

STEP 03 现在回到Painter内开始上色，此步骤为确定人物的基本色调，个人喜欢以低明度低彩度开始迭色，再提亮颜色和控制色调，先将Mermaid图层与背景图层的混合模式转换为阴影，在Mermaid图层底下新建一个图层，命名为人物着色用图层，将原先的灰度画布填入白色作为背景着色图层，在各着色图层上开始添加基本色彩，在这个阶段所使用的画笔为柔性喷笔20。

> **提醒**
>
> 在着色过程中若觉得先前灰度色调过重，可以将不透明度调降至适当的百分比再着色。

STEP 04 基本色调完成后，接下来将着色图层分别折叠群组为 Mermaid 与画布两个图层，开始修饰整体，将不必要的笔触或是较为杂乱的地方略作整理，在这个阶段中以 **着色笔\普通圆笔** 作为主要修饰画笔。

STEP 05 将画面中较为杂乱的部分都整理好后，将这张图整体做稍大的改变，使用 **调和笔\加水笔** 让色彩间的笔触更能有效的混色，且更为柔顺，以色彩表现呈现出基本的立体感。

STEP 06 目前的色调偏低且较暗，因为先维持低明度低饱和度，日后开始绘制细部时，较容易控制添加明度饱和度，整理到这个阶段之后。接下来持续将背景绘制到与人物相同的完成度。

4.4 ··· 背景

我习惯用着色方式为图中添加色彩，利用图层混合模式使色彩变化能够拥有多元化的层次，最常使用的图层混合模式是阴影和叠加，你可在下图看出不同的叠色效果，使用蓝红黄渐变层的方式让各位观察其中色彩的变化。

正常

叠加

阴影

STEP 01 绘画的过程要讲究整体性的感觉，光源位置要先行确认，之后在细部刻画时才会有一致的光线位置，目前背景中的光源由正后方以逆光的方式呈现，在画布图层上添加两个图层为阴影和叠加，使用柔性喷笔20进行着色。

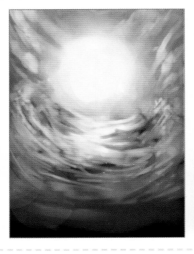

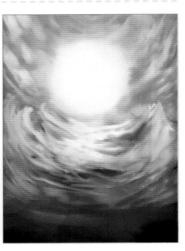

STEP 02 着色完毕后将它们与画布合并，目前前方的波浪色调偏黑，为了表现大海的感觉，将前方海浪改为蓝色调，若想保留后方夕阳色调，可以先复制画布图层，点选**效果\色调控制**，利用均衡调整复制的画布图层，再以橡皮擦擦掉复制背景上不要的部分，调整完毕后将它与画布合并。

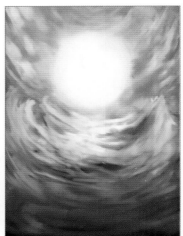

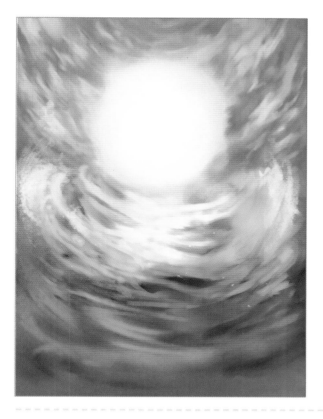

STEP 03 继续利用阴影和叠加在背景图层着色营造气氛，为了使后面的光线看起来更耀眼，我在前面海域的部分使用了冷色调，后方太阳部分使用了暖色调，使前后景形成较强烈的对比，添加色彩时必须想好主要角色的色调，背景仅是用来衬托角色。

STEP 04 由于画面中同方向的云层笔触过乱，所以决定将圆弧形的云层，改变为较为平静的平视云层，并提高夕阳的彩度让对比更明显，接着利用两支画笔使云看起来较为多层次，**海绵\沾染湿海绵160，油性蜡笔\矮胖油性蜡笔10**，以海绵先绘出云的破碎感，再以油性蜡笔加碎小的云朵，在绘图时需要不断地缩放笔尖增加变化性，在绘制背景时只需先画出大概即可。

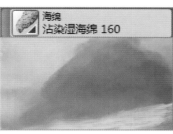

4.5 饰品衣物及环境大体设定

目前美人鱼尚未融入精灵的元素，接下来将添加饰品及衣物配件，每添加一个新的想法，我都会新建一个图层以便折叠群组或修改，现在为饰品新建一个图层，命名为饰品图层。

初期构图时并没有限定画笔使用，但我习惯先用**着色笔\普通圆笔** 绘制。添加衣物或其他元素时，要注意整体感的构图，在此将重点放在下半部的头发，绘制成水的形态，直接和大海结合，头部与手部的鱼鳍也是由水元素的成分构成。

原来的低色调在增加饰品的饱和度后，画面就变得非常显眼，请留意控制好饰品的色调，才不会与背景人物不搭。

4.6 饰品衣物绘制

绘制饰品时需具备水成分般的透明感与变化性，我称它为发光的效果，在画任何一种元素时，最先要考虑的是材质形态，由于背景色调较低，可提高饰品的亮度和饱和度以突显。

绘图时需要先了解什么是色彩变化，从色环上可看出，凡在色环中为180°相对的色彩，可称之为补色或者对比色，如黄色与紫色，蓝色与橙色，红色与绿色，对比色可以突出重点，让人的视觉上产生强烈的视觉效果。在色环上小于90°的色彩为邻近色，在画中会给人调和舒适的感觉。

> **提醒**
>
> 人在看任何事物时，不自觉地都会被高饱和度与明度的事物所吸引，若能了解色彩的效果，并适当搭配在自己的作品中，可以带来非常好的效果。

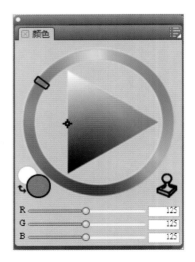

STEP 01 作画时可试着尝试新造型，但若要把每个细节都画得漂亮，需要不断的尝试和修改，例如，带两个头饰似乎有点不妥，可以在饰品图层独立的状况下轻松更改，在此先将所有饰品与衣物的形体色调确认完整。

STEP 02 在饰品图层上方新增阴影和叠加两个图层加以着色，使用柔性喷笔20画笔，将该物体的色彩变化做基本着色，搭配图层不透明度调整，这边所使用的色彩变化为邻近色，最后将两个图层折叠群组。

STEP 03 头饰刻画: 头饰是本图中除了脸部以外次要的重要对象，先设定基本光源表现出华丽感，再使用优质细节喷笔3描绘出完整的样子。

STEP 04 绘制完头饰的色调形体，可利用 **炭笔＼软性炭笔** 调和较为锐利的线条和色彩混合，画出较为柔化的笔触，在使用新画笔前，我也不时会使用着色笔、柔性喷笔及细致喷笔加以修饰，搭配阴影和叠加去做细部的一一刻画。

STEP 05 当饰品已经有一定的完成度，将利用 **照片＼添加颗粒** 搭配 **喷笔＼变化泼溅** 使它呈现纹理效果，使饰品看起来更为细致，照片颗粒所使用到的纸材为艺术粗糙纸纹。

不妨试着用一些不常使用到的色彩搭配，会有意想不到的效果，若是对局部对象使用色彩调整时，也必须顾及整体的协调性。

STEP 06 其他衣物刻画：衣物饰品的色调相近时，可利用材质或质感让构图呈现更多的变化性，也别忽略了饰品间基础光影的建立。

 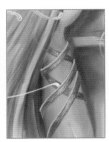 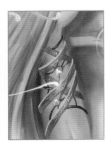

STEP 07 在此我加入一支笔触调和较深的画笔——**调色刀\调色刀**，除了用在上色外，也可做出一些特殊层次的立体感，在不同画笔下我常常会将色彩浓度调为0来做色彩调和。

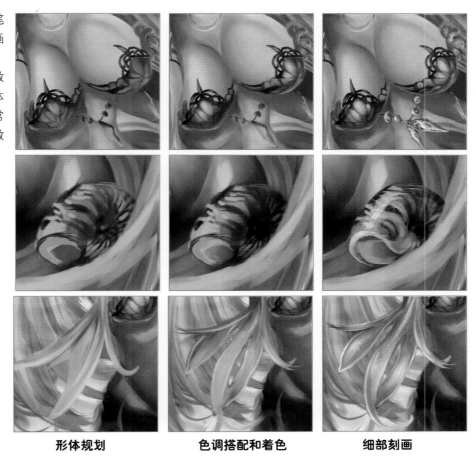

形体规划　　　　　色调搭配和着色　　　　　细部刻画

STEP 08 饰品绘制完成后，觉得构图饰品色调及摆放位置让构图比重有点问题，这在一开始未上色的线稿中是不容易察觉的，为了色调与整体的调和性，我改变了看起来比重过于集中的尾巴位置。

4.7 透明质感绘制

STEP 01 现在要为饰品添加带点透明感的丝质布料，开启一个新的图层，命名为透明衣物，使用**着色笔\普通圆笔**表现其形体，搭配**调色刀\调色刀**去调和色彩。

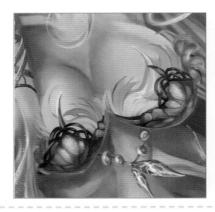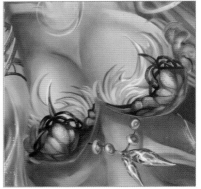

STEP 02 再复制一个透明衣物图层，将透明衣物2的不透明度调整为20%作为底层，以橡皮擦擦拭透明衣物1过重的色调，调整完后将其折叠群组，至此即可感觉到透过肌肤的感觉。

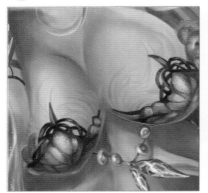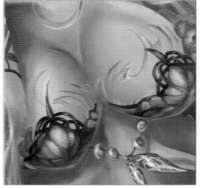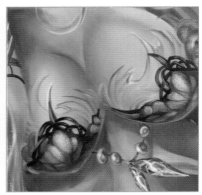

透明衣物 2　　　　　　　　透明衣物 1　　　　　　　　折叠群组

STEP 03 透明感要注意到透过本体表现后面的物体以及轮廓线和反光面，只要抓住这些小诀窍，就可表现出透明材质，请留意主光源、反光和暗部表现都是有差异的。

4.8 脸部与肌肤细部绘制

绘制脸部时要依照肤色去画，整体肤色才会协调，我以 **着色笔\普通圆笔** 为大体上色，**炭笔\柔性炭笔** 为细部柔化着色，基本立体光影感绘制出来后，只需将重点部分做细部刻画，以下将以脸部为主介绍。

STEP 01 先以着色笔与柔性炭笔修饰皮肤的阴影处与亮处，使其看起来更为柔顺，必须不断地放大缩小观察整体光影的方向性，就可以逐渐地将脸部的立体感细致度表现出来。

然后针对眼睛，眼睫毛的部分进行细部刻画，眼睛是整张画中人物的灵魂所在，绘制眼睛时所点的高光位置也是非常重要，眼睫毛可加上反光面使其更显立体，在此用 **艺术家画笔\印象派** 画笔绘制眼睫毛，以柔性喷笔20与优质细节喷枪3画笔绘制眼睛。

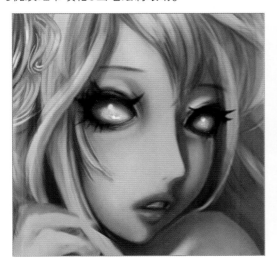 

以下为在肌肤上色时常用到的颜色，每种颜色皆有互补作用，冷色系可衬托暖色系，而暖色系则可使冷色系白皙肌肤看起来更为白净。

	介于淡黄色与粉红色之间，此为较接近肤色的主色调。
	橘色可以让主色调肤色与阴影间的色彩多些饱和度，亦可作为过渡色使用。
	介于橘色与红色间，较为饱和的红色，可以作为唇部、腮红、眼睑的颜色，并可与紫色调调和为阴影处至亮部间的色彩层次。
	使用紫色作为阴影处色彩，与红色调融合后可让阴影处显得自然，在不同的风格中也可选用蓝色为阴影色调。
	在皮肤上与阴影中皆为暖色系的状况下，冷色调可以突显暖色调，使用这种对比性让肌肤更多变化性和自然感。

STEP 02 接着替脸部与肌肤添加其他色彩，先在人物图层上方新建两个图层为阴影和叠加进行着色，在着色时使用柔性喷笔20进行着色，其余皆使用 **炭笔\软性炭笔\色彩浓度为**0 进行色彩调和，肌肤染色时要注意添加的色彩必须要与肌肤结合，避免产生独立色彩的色块，在色彩使用上以冷色系与暖色系呈现阴影与亮面，使其有较好的对比性及质感。

冷色调添加　　　　　　　　　暖色调添加　　　　　　　　色调色彩调和

4.9 鱼鳞绘制、贴图应用

电脑绘图中应用材质强化画中事物是常见的技巧，材质贴得好可使物体显得更加精致有质感，反之若使用不当，只会使该物体显得与其他部分格格不入。

STEP 01 替鱼鳞选择贴图材质时，要留意纹理的方向性与变化性，并非一定要使用现实中鱼身上的纹理，只要能表现出鱼鳞的质感皆可，在此用真实的鱼鳞材质做贴图示范，将材质打开后以 **效果\色调控制\调整颜色**，将材质的饱和度降到最低为灰阶，若对比较低时可以再对材质做些调整。

STEP 02 材质调整好位置后就要调整图层属性，可以尝试不同属性看看材质转换的效果，在此选择叠加模式，再调整图层不透明度使材质能融入Mermaid图层的色彩。

STEP 03 贴上材质后，觉得鱼鳞的感觉还是太突出，回到Mermaid图层将鱼鳞绘出亮面反光，作画时得根据所选材质去做绘图时的考虑，才能将两者融入。

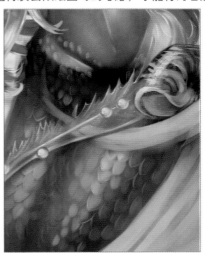

STEP 04 鱼鳞绘制完后，再将材质图层与Mermaid图层折叠群组做些细部的刻画，在此使用 **喷笔\变化泼溅** 在鱼鳞的周边增加一些小亮点，以 **照片\添加颗粒\艺术粗糙纸纹** 再次强化纹理。

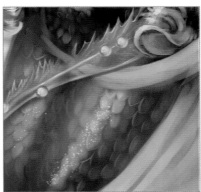

4.10 头发、发丝绘制

STEP 01 一开始已先以灰阶上色绘制头发的轮廓与方向，现在只需加强细部的绘制即可，使用 **着色笔\普通圆笔** 描绘出头发的光影方向性，并随时将笔刷放大缩小来做发丝的变化。

STEP 02 使用阴影和叠加图层，增加头发上的色彩变化进行头发着色，在头发的高光处要注意光线来源的方向，高光上色的步骤是非常重要的环节，影响到整体的立体感以及头发的光滑质感。

STEP 03 头发完成后，使用 **艺术家画家\印象派** 画出一些发丝，此画笔在发尾与发丝间带有非常好的笔触，可以在头发周边与轮廓增加一些发丝，让头发有更好的质感，并显得更自然。

4.11 前景绘制、最后气氛融合整理

将 所有完成的饰品图层与Mermaid图层折叠群组，尚未将Mermaid与画布折叠群组的原因是因为现在将绘制人物前后方元素，以增加此图的空间感，先在Mermaid上方新建一个图层，命名为前景，添加前景海域、水蝶、水花三元素。

海域

STEP 01 将前景图使用柔性喷笔20，将前方色调大致上色。

STEP 02 使用 **扭曲变形画笔\扭曲** 以及 **飓风** 将大片的色块扭曲出水样感觉的波纹。

STEP 03 海域必须要有透视感，所以要增加海域中较为深处的色调，以及光线反射出的浅色波纹，在波纹上必须要有许多不同的变化性，而这里使用 **调和笔\加水笔** 作为色彩融合，并随时调整色彩浓度将它作为上色画笔使用。

水蝶

STEP 01 绘制水蝶时可利用 Painter 12 中一个非常方便的工具——镜像绘画功能，可以快速画出对称的形体，选择左边是镜像绘画，选择右边则是万花筒，这里我使用此功能绘制出水蝶形体。

STEP 02 拖动水蝶摆设至画中并与前景图层折叠群组，水蝶是为了衬托画中的气氛以及多样化，并不需要绘制得太过精致，反而抢了主角，由于水蝶需要的是偶数的数量，可以利用拷贝粘贴增加数量，除了增加数量，也要做些改变，才能让画显得更为活跃。

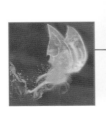

水花

水花表现难在要呈现出水花四溅的感觉，但又得兼具透明感，新建一个图层，在前景图层之上，命名为水花，以下将以四个步骤绘制完成。

STEP 01 以 **着色笔\普通圆笔** 绘出水的形体。

STEP 02 使用 **柔性喷笔20** 将水的内阴影大致上色。

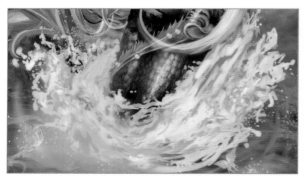

STEP 03 使用 **着色笔\普通圆笔** 顺着水流动方向使用白色绘出亮部，并以 **调色刀\调色刀** 把内阴影水的亮部做色彩调和。

STEP 04 继续使用 **着色笔\普通圆笔** 把水滴描绘得更完整，并加上高光，搭配 **扭曲变形画笔\飓风** 让水的流动更多样化。

STEP 05 再复制两个水花图层，分别为水花A、水花B、水花C三图层。

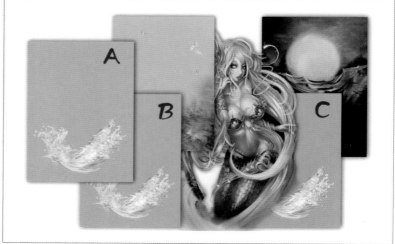

STEP 06 为了表达水花的多层次变化，将水花C图层移到人物与背景之间，让它在人物后面，可适度调整大小，把图层属性改为强光，而将B的混合模式调整为叠加，使其透过后面的色调作为水的内阴影，在水花A上面以橡皮擦调整不透明度慢慢擦拭，这种方法与前面绘制透明衣物的示范中相同，唯一不同的是在此将放置底下的图层调整混合模式为叠加，让它能够重叠后面的色彩。

水花 C：图层混合强光

水花 B：图层混合叠加

水花 A：图层混合正常

总结

最后将背景与人物的光影整合融入，一张图的立体感必须透过光影来呈现，现在将所有图层合并，并且复制出一张图层，这张图层可使用色调控制选项，把颜色调整至较为灰阶的颜色，以这张图层来做最后远近感，使用橡皮擦慢慢擦拭出重点，使整张图更为融入，接着再将所有细节部分加强后即完成！

©Nymph.Mermaid / 羿武

Chapter　5

硕人

此图主要是以表现中国古典美人韵味为主，再搭配国画的精神，让图更具有"画外之意"，借作品表现内在心灵世界。所谓诗中有画，画中有诗；这种寓"情"于"景"，"情境"与"景物"融合的，正是所谓的"意境"。虽然Painter使用的工具不像真实毛笔有千变万化的效果，却能形成另一种特殊笔法。尽管工具不同，但要求的绘画精神是一样重要的，运用Painter 12 不同画笔的参数设定，就能形成一幅独具特色的墨笔情境图。

5.1... 使用工具

喷笔

可仔细地模仿出运用真实喷枪的感觉。除了可绘制柔和的色彩，也可以制作喷洒的效果，喷笔画笔若没有设定纹理，绘画时就无法呈现纸纹的效果。

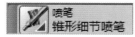 

橡皮擦

橡皮擦用于修改画错的部分，使用的力道会影响擦除的效果。此笔尖可让你消除部分图像。

调和笔

以混色为主要效果的画笔，调和笔用于颜料的混色，可以让画布上的颜料产生柔和的效果。

着色笔

普通圆笔变体，混色性强，覆盖性足够。

着色笔扩散2

不带颜色，却可以使线条产生水墨扩散的毛边效果。

干墨笔

仿马尾笔(毛笔)的墨迹效果。

数码水彩

调整数码水彩中的简单水彩笔以及粗糙干画笔效果，可以画出有水彩感的作品。在此用来表现水墨效果。

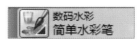 

Painter的优势在于拥有数量可观的画笔，但是画笔工具一次只能选一支笔，如果要换笔，还需要再重新从清单中找出需要的画笔类别，需要一直换笔时就很麻烦了。铅笔盒的好处在于可以省去选笔的手续，而且可以制作不同分类的铅笔盒，非常方便。

STEP 01 点选"笔刷选取器"面板，按住 Shift 键不放，将图标拖曳至空白处即可产生铅笔盒。

STEP 02 选择其他要放进铅笔盒的笔拖入这个面板中，就完成了自制的铅笔盒。

撷取笔尖：一般线稿的勾勒描绘会使用铅笔、炭笔和孔特粉笔，我习惯使用自制的画笔头来表现手绘铅笔稿的感觉。

1 使用 **钢笔\1像素** 绘制笔头。

2 点选矩形选区工具。

3 圈选绘制好的笔头形状。

4 选择要撷取的 **喷笔\锥形细节喷笔画笔**。

5 点选 **画笔工具\捕捉笔尖**。

6 捕捉成功后，会在笔尖剖面图窗口看到笔的形状。

7 画出来的线条粗细感觉如下图。

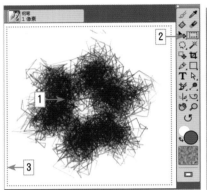

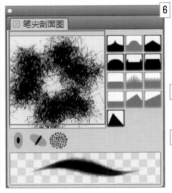

5.2 ... 人物绘制

STEP 01 点选 **文件\新建文件**，打开新建图像对话框，输入需要的尺寸为19cm×26cm，分辨率为300 dpi。

STEP 02 新建一个图层，命名为草稿，使用 **铅笔\仿真 2B铅笔** 绘画草图，先以自己预想的感觉随意描绘，定位大概的骨架和位置。

提醒

其他画笔如炭笔和孔特粉笔、喷笔\锥形细节喷笔等，都很适合用来绘制线条。

STEP **03** 新建一个图层，命名为线条稿，将此图层混合模式更改为正片叠底。另外降低草稿图层的透明度为25%，运用先前已改造过的**喷笔\锥形细节喷笔**，描绘更细致的线稿。

STEP **04** 打好线条稿之后，选择一张已扫描好的国画纸纹材质作为此作品的基本底纹。

提醒

平常可以把好的纸纹扫描存盘，可以作为纸张的材料图库。

STEP **05** 将国画纸纹放在图层最下层，上面再新建三个图层，图层表现方式为正常或是默认，分别命名为头发底色、衣服底色、皮肤底色。使用**着色笔\普通圆笔**，不透明度调整为100%，以平涂的方式分别在三个图层上基底色。

提醒

草稿图层可以暂时关掉眼睛，上色作业会较为方便。

STEP 06 于皮肤底色的上层再新建一个图层，命名为"皮肤正片叠底"，图层混合模式更改为 **正片叠底**。使用 **着色笔\普通圆笔**，不透明度调整为13%，选择工具箱中的 ✏️ 吸管工具点选皮肤底色之后，直接在"皮肤正片叠底"图层上，画出阴影脸部立体感。

提醒

使用正片叠底后的颜色会变成半透明，适合用来加深色彩，又不会盖掉下方原本的图像。另外在图层混合模式中的"阴影"效果和"正片叠底"是一样的。

STEP 07 脸部立体感以色块方式于正片叠底的图层上约略分配布置好，再于皮肤正片叠底图层上方新建一个图层，图层混合模式为正常。使用 **调和笔\加水笔**，不透明度调整为30%，把刚才脸部上色不均匀的边缘色块抹匀。

 ▶  ▶

STEP 08 经调和后的部位，会呈现出较平顺、柔和的感觉，让脸部有自然的立体感，把脸部的图层折叠群组成一个图层，重新命名为"合并的肤色"。再新建一个图层，命名为"皮肤画细"，图层混合模式为正常。在此图层进行更细一步的脸部细节描绘。

STEP 09 在"皮肤画细"图层，选择 喷笔\柔性喷笔、选择亮的肤色绘制皮肤的亮部，让脸部更具有立体感。最后再细绘眼神的高光以及唇部高光以加强脸部的五官。皮肤绘制完毕后，可折叠群组成一个图层。

提醒

图层量多时，在寻找特定图层时会浪费很多时间，也很占计算机内存的空间，群组的功能就像收纳的资料夹，可以依需求把文件\图层收在一起。如果图层新建过多，可以先折叠群组，或是依群组图层归类。

STEP 10 复制"头发底色"图层，先使用 **照片\燃烧** 在复制的头发底色图层画上头发的暗面部分，再用 **照片\减淡** 画出亮面发丝，完成基本的头部光影立体感。

减淡 燃烧

STEP 11 新建另一个新的图层，在"(复制)头发底色"的上方，混合模式为默认，命名为"头发画细"使用 **着色笔\普通圆笔**，笔尖剖面图更改为 **水槽状笔头**，注意顺着发流的方向，进行头发细部发丝的绘制。

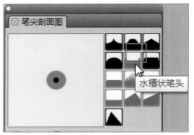

笔尖剖面图

水槽状笔头

STEP 12 头发上的饰品，使用 **着色笔\普通圆笔**，首先勾勒分配花朵的球形体以及金属的位置，再把花朵当作一整个圆形物体把光影画出来。

 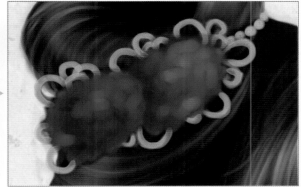

提醒

可以将花朵想象成一个大圆球，先画出一立体球形，设定光源后，继续在大圆球体上画上一片片花瓣，最后再把花朵以外的球体部分用 **橡皮擦\擦除工具** 擦除。

STEP 13 花朵花瓣的样式可以参考各种花朵的图鉴。这里需要耐心地慢慢观察描绘，就算没法子画到跟真花一模一样也没关系，把花的感觉画出来就成功了。

STEP 14 新建一个图层，图层混合模式为 **正片叠底**，使用 **喷笔\柔性喷笔**，选择灰紫色做饰品跟头发间的阴影。

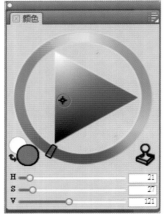

默认

正片叠底

STEP 15 花朵饰品最后再使用 **着色笔\普通圆笔**，继续刻画花瓣的亮面以及金属配件的最高亮点，让整体发饰感觉更具立体感。

STEP 16 选择衣服底色图层，点选图层的存储透明度之后，使用 **着色笔\普通圆笔** 、**着色笔\柔顺颗粒圆笔**、**调和笔\加水笔** 绘制衣服的褶皱。

STEP
17 把衣服褶皱的亮面部分再加亮颜色，暗的再加重颜色，衣服手臂部分可以稍微带一点点肤色，让衣服感觉有点透明薄纱的效果。即将完成之前可以再新建一个图层取消存储透明度，在上头撇上一些淡淡的衣服花纹。

 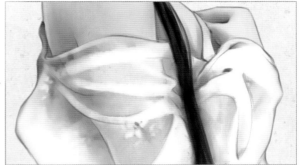

提醒

褶皱，基本上大致分为三类：两点披挂、单点披挂、包覆，大多数的褶皱表现方式都是由这三种变化出来的。

提醒

依照衣服质料不同，褶皱也会有不一样的表现方式，质料比较软的衣服，褶痕相对比较大一点，也比较琐碎。质料较硬或较厚的衣服比较不容易出现大褶痕，只会微微起伏。

衣服的质感、褶皱、阴暗面这些平常可以自己拍照，或是看着时装杂志，多加练习多画就可以熟能生巧。

5.3 背景绘制

STEP 01 在"国画纸纹"的上方新建一个图层，命名为"国画背景"。再到"草稿"图层把眼睛打开，图层透明度调整为50%，让一开始的构图浮现出来，这样在画枝干配置分布时会比较清楚。

STEP 02 使用 **钢笔\干墨笔、数码水彩\简单水彩笔**，先勾勒枝干的形体，再把"草稿"图层的 👁 关掉，回到"国画背景"图层，使用 **数码水彩\粗糙干画笔** 将树干淡淡地画出墨色。

STEP 03 用 **数码水彩\粗糙干画笔**、**数码水彩\简单水彩笔** 把树干的纹理颜色约略画一下。最后再用 **钢笔\干墨笔或着色笔\普通圆笔** 点上苔或枝芽。

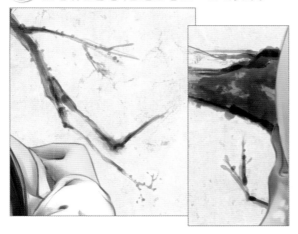
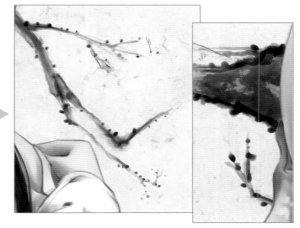

STEP 04 使用 **数码水彩\粗糙干画笔** 选取淡粉红色把花瓣轻轻地点出来，这时要注意花的分配位置要有疏密分别，切勿全部挤在一起，会让画面感觉很杂乱。

STEP 05 有红花就一定要配上绿叶，这样画面才会丰富。在这里一样使用 **数码水彩\粗糙干画笔** 选取墨绿色的颜色，把花丛中的绿叶微微点画出来。

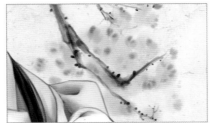
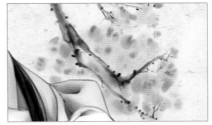

STEP **06** 使用 **着色笔\普通圆笔** 描绘细树枝，连接一朵朵的花。也用比红花更红的颜色画出重点的花点，让整幅背景感觉花朵是有前后关系。

STEP **07** 把草稿图层前面的眼睛打开，在"树干＋梅花"群组图层上方再新建一个图层，命名为"鸟a线稿"。使用 **铅笔\仿真2B铅笔** 大概勾勒出鸟的身形姿态。

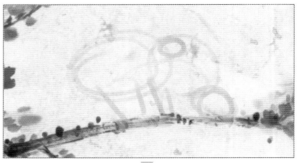

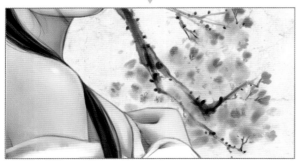

STEP **08** 在"鸟a线稿"上再新建一个图层,命名为"鸟a墨线",使用**着色\普通圆笔**选择暗灰色勾勒出鸟的墨线。

STEP **09** 关闭"草稿"以及"鸟a线稿",使用**着色笔\普通圆笔**把鸟的翅膀和背部头顶,一一涂上一层薄薄的墨色,再使用**着色笔\扩散2**把鸟身上的黑白交界边缘晕开。然后再把鸟嘴、鸟脚上暗黄色,鸟的翅膀则是带上了一点祖母绿。

▼

STEP **10** 点出胸口的细毛阴影,以及把翅膀的层次用白色一层一层画出来,让羽毛感觉不那么厚重。在此也可以加强鸟的眼神,点上眼睛的反光点。

▼

▼

STEP 11 由于画面感觉比较偏向静态，所以我突发奇想地让其中一只鸟的嘴上叼了一小支梅花枝，感觉上会比较富有趣味性。

STEP 12 单加上嘴边的花枝，虽有了趣味性，但还是少了动态感，于是再加上了两片凋落的花瓣，像是被两只鸟在嬉戏所弄落的感觉。

最后把整张图缩小查看全图，做最后的确认，看看是否哪里还需要增加花瓣或是前后图层搞混的，若都没问题就可签上大名落款保存后交稿了。

5.4 国画水墨教学

水墨画法

白描法（或勾勒法）：白描是一个绘画术语，指在绘画中只用线条勾勒，不着颜色的画法。这种技巧常用于人物画和花卉画。

渴笔法：无水分表现，干擦的感觉。是用点线的变化和组合，表现出山石树木质地和结构。

晕染法：用色彩层次浓淡表现物体的透视，大片模糊染开。

附立法（或没骨法）：不用墨线勾轮廓，直接以墨绘于纸张或其他媒材。比较不重视物象的外在形体，重视笔势、浓淡，以"写其神"为主；而非"画其貌"。

破墨法：泼墨山水画技法是大写意山水画的一种表现技法，灵活多变。所谓泼墨，又分淡破浓、浓破淡两种用墨方法。

勾缩法：在淡墨上画中、浓墨，使其晕染开来。与晕染有点雷同，水分比较少些。

梅枝之干

梅的画法顺序依序为：干、枝、花、花蕊、萼、苔(含枝芽)，粗干表现为刚硬有力，千万不要成蛇行。

枝的画法愈往尖端则愈细，所有树木的枝都不是成一直线，而是呈现曲折的成长。像在写书法一样每个枝节点运笔时都要停顿一下。

在树干或树枝上点缀苔或画芽，能表现梅树的韵味。

花朵之美

白梅的画法就是用线条表现，使用**数码水彩\粗糙干画笔**，运笔的方向就如图示般方向。

花蕊分成两部分，上方为从外往内，下方则是由内往外。画完在周围打点即完成白梅的基本形状。各种方向的花貌才会自然，可试试五片、四片花瓣或是一片散花瓣的景色。

花萼没有一定的画法，可参考示范图用**数码水彩\简单水彩笔** 勾勒出浓淡色色调。

就是像在写书法"火"字一样旁边两点就是花萼的运笔方式，最后再拉下细树枝(4)。

红梅多半不用描线来画花瓣，而是用没骨法表现。花瓣可使用**数码水彩\粗糙干画笔**，如同画圈圈般没有特定方向，再用**数码水彩\简单水彩笔** 勾勒出墨绿色的花萼，花蕊部分使用**着色\普通圆笔**。

梅花的各种姿态，颜色浓淡，运笔的方向，可以多画多练，只要了解花生长的原理，即可绘出栩栩如生属于自己味道的梅花。

鸟类姿态

鸟类的种类非常多，但是只要仔细去观察就会发现，它们的形状都跟球形有关。在画鸟时一定要了解如何把鸟以最简单的线条画出球形体，如何把这些球形组合连接起来。

单使用 **数码水彩\简单水彩笔** 也可以表现出墨线的感觉，就如同写毛笔般，有顿、挫。

无论是怎样的姿态，都是利用头一个圆形，身体一个圆形，两个圆球体连接。

鸟爪的动作：抓着树枝或是站在地板上，虽说只是线条的表现，但若是线条能画的活，就算没上任何色彩也能表现出所要传达的意念。

就算是展翅的鸟，只要把翅膀的位置抓出来，再勾勒羽毛，就可以完成。

墨鸟是我个人喜好的一种表现方法，首先使用 **数码水彩\简单水彩笔** 以全黑颜色来勾勒鸟嘴、鸟眼与鸟背，之后再使用 **数码水彩\粗糙干画笔** 选择稍微偏向灰的颜色，刷涂鸟的翅膀，最后用 **数码水彩\简单水彩笔** 画上尾巴、脚、树枝，即完成简单的一只墨鸟。

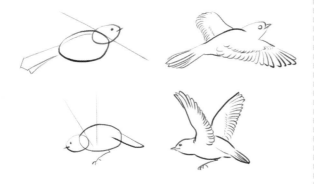

翘着尾巴的小鸟的画法一样也是从头开始画，所用的笔刷也没有改变，只是最后的树枝，我使用了 **向量笔\乾墨水** 来表现比较干的树枝。

即使再怎样复杂的外形，都必须先化繁为简，再由简入繁，细心描绘羽毛的质感，就可以绘制出正确的鸟外观。

耀月 绘

Chapter 6

绯秋的祭

前阵子偶然看到回放日本旅游节目，缤纷迷人的热闹景色盈满整个画面，白雪似的樱花在一片翠绿的丘陵中漫天飞舞，绯红如血般的花瓣随风飘散又落下，令人着迷的纤细美丽，却在日夜推移中悄然凋零，在瞬间展尽风华，仿佛也预告着四季轮替后来年的灾难，而我却想将这样易逝的美丽用笔与墨留下。这位甜美清秀的少女，也代表着希望与期盼，如舞蝶般微殷的双唇、深邃清亮的瞳眸，似乎正专注凝视着前方却又欲言又止，也许她在盼望着什么难以描述的那种如初恋般微酸又甜的美妙情绪。那把拥有谜样色彩，如夕阳西下后天空般神秘紫色的纸伞，代表着从日落后紧接而来的黑暗，但漆黑的天色总在破晓后的曙光中消失无踪，这张构图是偏向开朗的粉系，也希望一个人在历尽风霜后，寻得属于自己的黎明和春季。

6.1... 绘图前的必备动作及线稿编修

STEP 01 作画前最重要的就是要先调整绘图板的笔压，点选 **编辑\预置\笔迹追踪**，先在上方区域随意画圈做笔压调整，切记！下面的数值会随之变化才算已有正确安装数位板驱动程序。

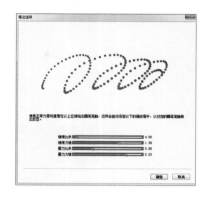

STEP 02 我选择绘制线稿的笔是 **孔特粉笔\锥形孔特粉笔**，这支画笔很适合拿来绘制草稿，不但拥有铅笔的特性，使用上也较为方便。

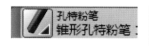

STEP 03 选取 **窗口\画笔控制面板\画笔校准**，调整压感强度为3.08、压感比例为0.74、速度强度为1.39、速度比例为3.17，再勾选启用画笔校准选项。画笔使用时才能够得心应手。

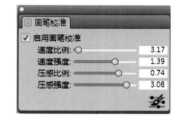

STEP 04 一张好的线条稿是绘制角色最重要的一环，之后的上色依据就是线稿，所以要画得精、画得细。首先大略配置人物的位置，再想好人物的动作和肢体分配的部分，脸部表情也要先想好再打上草稿。

STEP 05 接下来就是修细线稿，在草稿上新建一个图层，命名为线稿，将草稿透明度调淡为30%，继续在线稿图层上画上人物的眼睛、头发、手、伞……等，再补上背景的草稿，人物的线稿就完成了。

6.2 人物肤色、眉毛、眼睛上色

STEP 01 选择上色笔刷为 **炭笔\软性炭笔**，将颗粒调整到4%；再点选 **窗口\画笔控制面板\笔尖剖面图**，选择圆头笔刷。选择圆头笔刷绘制人物时，笔头较为柔和，画出来的感觉也会较为柔美。

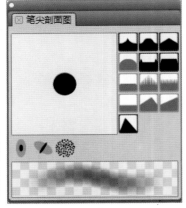

STEP 02 将人物用浅肤色大略打底，画布可以先垫上深色，这样才可以知道上色是否均匀，别怕画超出线稿，因为如果这阶段颜色上的不均匀，画到后面整体会显得很粗糙。

STEP 03 新建一个图层，命名为阴影，混合模式为正片叠底，在此图层画出皮肤大致阴影，默认光线是从右下方稍微打上来一些，人物脸部从上到下打阴影的方式依序是：眉头、眼窝、眼袋、鼻子左侧阴暗面、鼻孔下缘、嘴唇上方、嘴角，靠近衣物以及发缘等边缘有遮蔽物的地方也要加一些阴影。

STEP 04 我习惯画完阴影后直接绘制五官，先将眉毛以浅咖啡色为底淡淡地涂上去，记得眉头颜色应稍微偏淡，下笔时别太用力。

STEP 05 将眉毛中间颜色加深，留意下笔力道慢慢将颜色淡淡刷上，才能够呈现完整的眉形。

STEP 06 打上眼眶外围，希望呈现的是画上眼影及眼线的感觉，所以使用较深的咖啡色系画眼睛，接着画上眼球，中间黑色的瞳孔，不管脸的角度转哪都是以置中为主，眼睫毛是依据线稿所画好的位置再加深颜色。

STEP 07 眼睛是人物的灵魂之窗，绘制眼睛最重要的就是神韵，看图首先看到的一定是人物的眼神，所以要特别在眼睛上下功夫。先在瞳孔的下缘画上淡绿色，接着在淡绿色上加上一点白光呈现眼神光泽。

STEP 08 最后用白色画出眼神最亮点，再补上眼白，眼白的部分不需要画到全白，仅需着重于中间部分，边缘利用压感强度稍微涂一下，顺便补上下眼睫毛的部分，用浅灰色涂过就好，下笔力道要轻柔，不要过重。

6.3 嘴唇、腮红上色

STEP 01 使用略粉一点的桃红色先打上嘴唇的底色，嘴唇颜色可依你喜好设定，但若想画出少女般的唇色，建议不要使用过红的颜色。

STEP 02 加强嘴唇中间的黑线，才会有嘴唇微启的朦胧感。新建一个图层，设置图层混合模式为**正片叠底**，大略画上嘴唇的阴影，因为光线是从右下方打上来，所以暗面多在左方。

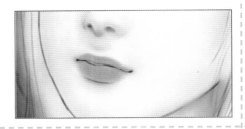

STEP 03 为了要让唇部中间有凹进去的感觉，要将阴影再度加深一些，唇形才会性感。

STEP 04 使用**画笔\照片\减淡**，轻轻画出嘴唇亮部，模拟上唇蜜的样子，嘴唇上缘处也刷上了亮面。

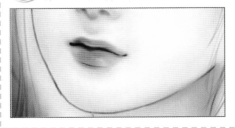

STEP 05 现在的颜色太深红了，为了让唇色看起来更为诱人，新建一个图层，将图层混合模式设为叠加后，用粉红色慢慢地涂抹上去，就慢慢呈现出想要的唇色了。

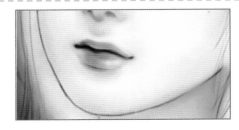

STEP 06 最后以淡粉红色轻轻刷在脸颊两侧，如果觉得无法控制力道的话，可以先在脸颊两侧用笔画上腮红，再点选**效果\焦点\柔化**，将强度调到最大100，再将图层透明度降低，就可以画出柔美的腮红了。

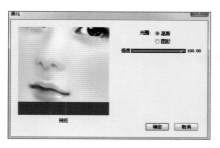

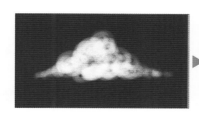

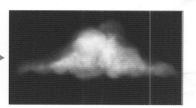

提醒

调和笔的使用方法：调和笔\加水笔是很常见的一支混色画笔，顾名思义是适用于将色块抹匀，如果画笔力道太重，就有可能出现色块现象，想将色块现象降到最低就必须使用调和笔涂抹。

6.4 ... 服装上色

STEP 01 新建一个图层，命名为"衣服"，再将粉红色用软性炭笔涂抹均匀，将衣服打上底色，选用粉红色是因为个人认为粉红色最能代表清纯可爱的女孩子。

STEP 02 点选衣服图层的存储透明度后，就会发现只能在这个图层上作画，这个功能是为了避免开始绘制衣服阴影时，会不小心画到了衣服以外的图层。

提醒

有时候无法在新建的图层上构图，或是画笔无法画出颜色，可能就是不小心点到了存储透明度。

STEP 03 衣服阴影的上色方式和皮肤阴影的上色方式大同小异，伞柄下、胸部下、衣服褶皱处、光线无法照射到的位置，一定会出现阴影，先大略标示出阴影位置。

STEP 04 新建一个图层，将图层的混合模式改为正片叠底之后，再用 吸管工具(按住Alt键) 吸取原本衣服上的粉红色，将刚才大略画的阴影再次加深、加强。

STEP 05 我所使用的是 **橡皮擦\擦除工具**，这种橡皮擦比工具箱里的橡皮擦好用很多，还可以改成各种你喜欢的笔头。在这所使用的笔头是圆头，圆头的橡皮擦擦起来的感觉是边缘会柔柔、雾雾的，很适合用在画言情人物。

提醒

笔头更改方式为窗口\画笔控制面板\笔尖剖面图。

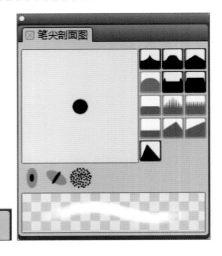

STEP 06 先用前面介绍的橡皮擦工具擦除多余的地方后，接着新建一个混合方式为屏幕的图层，使用软性炭笔勾勒出衣服该有的亮面。

  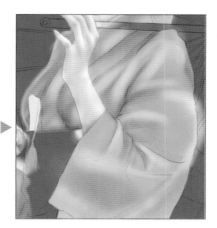

STEP 07 目前衣服颜色还不是我所想要的粉紫色，所以使用 **效果\色调控制\调整颜色** 调整整体衣服的颜色，调整数值如下。如果想改变作品颜色，可以使用色调控制将颜色更改为需要的颜色，但记住千万要点选改的图层内，不然改错就麻烦了。

提醒

颗粒水性笔是一支很好用的画笔，通常适用于加强物品纹理的部分，它与调和笔不同的地方在于调和笔无法带入纸纹，但是颗粒水性笔就可以轻易地将纸纹带入到画面上。

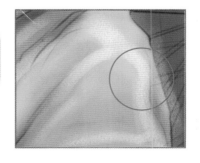

STEP 08 为了加强衣服的亮面，新建一个混合方式为屏幕的图层，使用颗粒水性笔将衣服亮面的地方再重新上过一次颜色，记得要选择从下层采集颜色，才可以用颗粒水性笔画出亮色。

提醒

光影分布示意图，以圆球简略说明光、暗分布的重点。绘制人物及衣物都是一样的道理，物体覆盖的位置、物体与物体间接触的位置，以及阳光无法照射到的部分，都会产生阴影。建议平时多观察身边的人事物，作画时就比较容易抓到光影分布的要点。

 光源

受光面，也就是所谓的光影照射面，绝对是最亮的。

这里是稍微有一点照射到的部分，所以不会太暗。

这里是光源散布到的位置，不需要太暗。

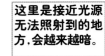

这里是接近光源无法照射到的地方，会越来越暗。

这里是与桌子直接接触的位置，因为照不到阳光，所以是绝对暗的部分。

STEP 09 将刚才画在衣服上的所有色块，用**调和笔\颗粒水性笔**轻轻涂抹，衣服褶皱处、亮面粗糙处等需要抹匀的部分，下笔力道放轻些。

STEP 10 加深衣服颜色可让整体显得更有质感，所以另复制了一新图层衣服2，混合模式改为正片叠底，图层不透明度调整到41%左右，整体颜色就会加深。

 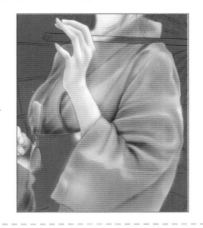 

STEP 11 新建一个图层，命名为衣服加亮，混合模式为屏幕，用 **调和笔\加水笔** 在衣服亮面上轻轻涂抹，这样更能强调衣服的受光面。

 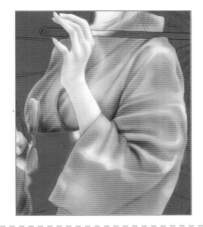 

STEP 12 选取图层45、衣服1、衣服2、衣服加亮图层，选择 **图层\折叠群组**，将四个图层合并就完成衣服绘制了。

画布料时要特别注意明暗、褶皱。不妨观察自己身着的衣物，出门逛街放慢脚步欣赏街上的服饰店，留意身旁的美景。

STEP 13 新建一个图层，将红色腰带的范围用 **炭笔\软性炭笔** 填充暗红色，超出范围的部分使用橡皮擦工具擦除。

STEP 14 加强腰带光影的部分，依据明暗原理，将该有的褶皱处加深、反光的部分加亮，这样才能更有立体感。

6.5... 衣服花纹合成及镜像绘制

STEP 01 先找一张适合衣服的花纹，将花纹拖曳至画布后，会新增一图层，命名为衣服花纹，点选 **编辑\自由变换**，花纹旁边会出现变换框。花纹来源：典雅日式和风花纹(碁峯资讯出版)。

STEP 02 利用 **自由变换** 拖曳至衣服范围，多余的部分可用橡皮擦工具擦除。

STEP **03** 将衣服花纹图层的混合模式改为叠加，花纹会像玻璃纸般透明，也更能强调衣服的绸缎质感。

STEP **04** 衣服花纹太清晰会显得过于呆板，若想做出丝绸般滑顺的花纹，可将衣服花纹图层的不透明度降至20%，花纹便会与衣服更加融为一体。

STEP **05** 衣服被光线照射到的位置相较于其他部分会显得特别亮，因此花纹显得若隐若现；接近暗面的部分，又因为接近深色，花纹也会看不清楚，这时候可用橡皮擦工具轻柔地擦除圈选处，让花纹看起来更服帖。

 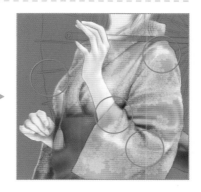

6.6 利用镜像功能绘制花纹

STEP **01** 先新建一个像素为宽1600、高900、分辨率300的空白画布。点选 **工具箱\镜像绘画** 后，画布上会立即出现一条绿色的纵向直线。

STEP 02 在绿色的纵向直线左右任一边画上线条，就会发现线条另一边会出现像镜子反射般相互对应的线条，利用此特性即可快速画出想要的花纹。

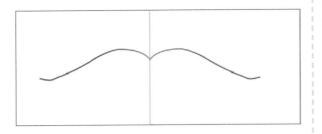

STEP 03 在画纸上随意挑了支画笔，利用镜射原理，绘制想画的花纹。

STEP 04 点选工具箱上的矩形选区工具，圈选刚才绘制的花纹，记住要先点选画布图层再选取花纹，如不点选画布会无法捕捉纸纹。

STEP 05 选取 **窗口\纸纹面板\纸纹**，会打开纸纹面板，接着点选纸纹窗口旁边的弹出按钮，在下拉列表中点选捕捉纸纹选项，会弹出捕捉纸纹对话框，在储存为处键入自制花纹1，然后单击确定按钮。

STEP 06 现在即可在纸纹面板中找到刚才储存的自制花纹1，接着回到画布，点选 **效果\表面控制\应用表面纹理**，选择应用表面纹理。

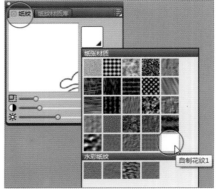

STEP 07 应用表面纹理的结果如图，刚才绘制的花纹就会重复地排列于画布上，之后便能够将这自创的纸纹用于贴衣服表面材质，或其他的纸纹用途。

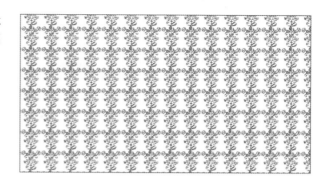

6.7 头发与伞和背景的绘制

STEP 01 点选软性炭笔画笔绘制头发；用咖啡色将头发的轮廓完全填充，再用更深的咖啡色画出头发的光影。

STEP 02 用亮一点的咖啡色一笔笔勾勒发丝，顺着发流方向轻柔地下笔，从头顶到发尾将发丝亮面用画线条的方式撇上去。

STEP 03 利用 **照片\减淡** 将头发光晕轻轻地抹在头顶的下方及头发边缘做出发丝的光泽，但我觉得头发整体还不够亮，便用减淡加亮整体头形，并且在柔顺的头发附近画些凌乱的发丝，可凸显头发的飘逸感，这样头发就绘制完成了。

STEP 04 新建一个图层，命名为伞，将伞的底色依序画上伞纸及伞架，因为人物整体属于红粉色系，所以伞纸的颜色选择接近紫罗兰的紫色，较能与人物合而为一。

STEP 05 以光影原理在咖啡色伞架画上亮、暗面后，再将纸伞中白的地方用偏灰的颜色画上伞架倒映在纸伞上的影子以及偏暗的阴影部分，建议可以拿把伞撑开后观察伞的内部光影状况再加以绘制。

STEP 06 新建一个图层，设置混合模式为正片叠底，用软性炭笔画出紫色纸伞的阴影。

STEP **07** 新建一个图层，命名为花，画出四片叶子的樱花瓣，再复制数个花图层，散布于纸伞上，可让此图更具风味，也更丰富。

STEP **08** 将复制的花图层全部折叠群组成一个图层，命名为折叠花，将此图层的混合模式设为屏幕，不透明度降低到42%左右，让花瓣尽量与伞融为一体。

STEP **09** 将伞做最后细部绘制，花瓣的部分可以用 **效果\焦点\柔化** 让边缘柔化一些，纸伞部分可以利用 **照片\减淡** 加强伞的曝光度，以及利用 **照片\燃烧** 增加伞的暗处，调整完这些细节部分，纸伞的绘制便完成了。

STEP **10** 将背景咖啡色用Ctrl+A键全选后删除，显示背景草稿图层前面的👁便可以开始绘制背景了。绘制背景所使用的画笔为 **数码水彩\简单水彩笔**，其特性与现实中的水彩笔一样，混色功能强大，是一支适用于画水彩画的画笔。

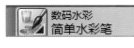

STEP
11
用数码水彩将背景颜色配置好再逐步刻细，但我想表现的只是利用水彩的模糊感凸显人物，所以并没有花太多时间在绘制背景。

STEP
12
逐渐加深背景颜色，充分利用水彩混色的特性大笔挥洒，再稍稍加强背景的暗色面，背景便完成了。

雯岚 绘

Chapter 7

嫁妆 —————————————————

我喜欢唯美画的原因，是它带有一点点的真实、一点点的虚幻以及一点点的唯美，而人物是所有情感的来源，所以我喜欢以人物为主题的言情画风。

古代是神秘的，充满了无限的想象。在构思古代的世界里，你可以尽可能的华丽或虚幻，而它又比现代稿更多了一分意境。所以我偏爱画古代多一些。当初在构思画面时，因为红色的衣服色彩比较好抓，在视觉效果上也较抢眼，所以就决定将女主角画成新娘。后来又得到另外的灵感，想在前方画个蓝色的珠宝盒，让它感觉有个主题，与红色也会有个视觉对比。于是嫁妆这幅图就这样产生了。

使用工具

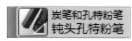
炭笔和孔特粉笔\钝头孔特粉笔
不透明度20%，打线稿用。

调和笔\加水笔
不透明度20%，混色用。

喷笔\柔性喷笔
不透明度20%，上色用。

提醒
不透明度请依照个人力道的不同自行调整。

镜像功能

STEP 01 开始绘制前，先教大家一个好用的功能，在 Painter 12里多了一个镜像模式，它能画出左右相对称的图，很适合拿来画正脸，由于这张图较偏正面，正好适用这个功能。点选**画布\对称\镜像模式**。

STEP 02 应用镜像绘画工具后，中间会出现一条对称线，默认时为垂直平面。

STEP 03 选择右边的选项，将对称线更改为水平平面的效果。

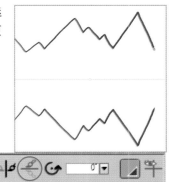

STEP 04 同时选取水平与垂直镜射模式，就可以画四边对称的图案，你还可以移动中心点，调整至想要绘图的位置。

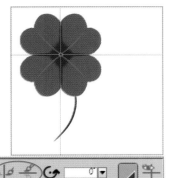

STEP 05 也可以更改对称线的角度或颜色，旋转角度功能除了拉滑杆，也可以直接在画面上手动旋转对称线角度。

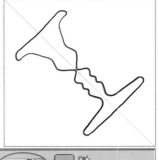

7.1 从线稿开始

STEP 01 点选**文件\新建文件**，在打开的新建图像对话框中，设定为19.6cn×26.6cm，分辨率为300dpi的文档。接着新建一个图层，命名为草稿。随意选个颜色，大致打出人物草稿，当初设定的画面是一个女孩抱着蓝色的珠宝盒，在这个设定上人物是主题，所以占了约三分之二的版面。

STEP 02 新建另一个文档，利用镜像绘画工具，在新建的图层中打上人脸的草稿。

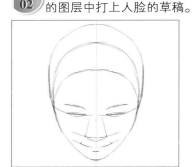 

STEP 03 将草稿的不透明度降低。根据草稿仔细画出整张脸，你只需要在一边作画，另一边就如同镜子般，会自动产生相对应的结果，完全不需担心会有两边一大一小，或位置高低不平的状况，如此一来作画是不是又变得更简单了呢！

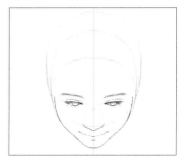 

STEP 04 大致画完五官后，关掉镜射模式补上头发，再次点选**画布\对称\镜像模式**，或点选上方属性栏中的切换镜像绘图，即可关闭。

STEP 05 将脸的线稿对好原本打好的草稿的位置，调整大小并稍作修改，再补上其他身体的部分及珠宝盒等，整张线稿就完成了。

7.2 ... 脸部的画法

STEP 01 在线稿的下方新建一个脸的图层，使用 **喷笔\柔性喷笔**，先大笔打上一层肤色，再把多余的擦除。宁可画多一点再擦掉，也不要因为过于小心造成画面没有补满的现象。

STEP 02 点选图层的存储透明度，即可在已打底的范围内任意作画，也不必担心画出去，选取皮肤的颜色稍为加深一点，以块状的方式切割，将眼睛、鼻子、嘴角、唇下及头发与脸交接处加深。

STEP 03 开始使用 **调和笔\加水笔**，将深浅交接的边缘处混得柔和一些，再回到 **喷笔\柔性喷笔**，选择原本的肤色，把鼻骨及眼皮上方处提亮。

STEP 04 继续使用 **喷笔\柔性喷笔** 上色，在眉毛、眼窝、鼻翼与唇线等位置，加上更深一点点的颜色，色调必须一点一点地加深，切勿一次加得太多，会显得没有层次感。

STEP 05 把眉毛与眼睛加深。再用淡红色画腮红及嘴唇部位，中间鼻骨稍微提亮一些，整个肤色的打底到此就可以告一个段落。

STEP 06 绘制眼睛时最好两只眼睛一起画，色调才会相同。将上眼线位置加深，并画出黑眼珠的中间瞳孔及外圈。

STEP 07 使用**调和笔\加水笔**，将瞳孔的深色由内而外以放射状的方式混出来，并继续加深眼线及眼头的部分，眼头及眼睑可使用偏红一点的颜色上色。

STEP 08 选取灰白色调画眼白的部分，只需淡淡地上一层就行了，切忌使用纯白色涂满整个眼白。

STEP 09 在眼珠下方加上淡淡的反光并加上亮点，眼睛就如画龙点睛般有神了起来。

STEP 10 使用小画笔绘制睫毛，每根睫毛的走向要稍微有些变化，切忌画得太过整齐，看起来才会自然。画到这阶段，眼睛的部分就完成了。

STEP 11 眉毛的上色方式非常简单，大约只要两个步骤。首先选择与眼睛色调相同的浅咖啡色，淡淡地画上一笔。

STEP 12 在眉毛的中间处再画上一笔，不要从头画到尾，看起来很死，只要在中间加上一层，就会显得很有层次感，眉毛也就完成了。

STEP 13 接下来要描绘嘴巴的部分，选取一个淡红色调，先轻轻地打出嘴唇的轮廓。

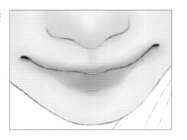

STEP 14 将红色调加深，在中间的唇缝及下唇的下方轻轻地画一笔，再搭配**调和笔\加水笔**将颜色混得更柔和。

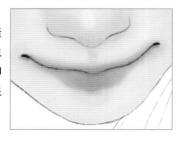

STEP 15 最后画出亮光，使用小画笔稍为点出亮点，再搭配**调和笔\加水笔**将颜色带开来，如此嘴巴也就完成了。

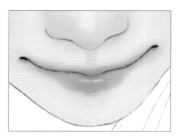

STEP 16 大致上整个五官都完成后，再使用调和笔进行最后的修饰，将整张脸的颜色做一个整体的融合，这样脸的绘制就完成了。

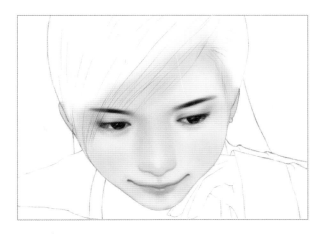

7.3 … 身体的绘制过程

STEP 01 脸与身体的肤色尽量一起作画会比较好，但这张脸连接了较复杂的手部，为了避免上色时互相干扰，我还是分开两个图层作画。首先与画脸的方式一样，先打一层肤色底。

STEP 02 选择比肤色更深一点的颜色，被脸覆盖到的地方、手指间交错的地方以及身体与衣服接合处都要做加深处理。

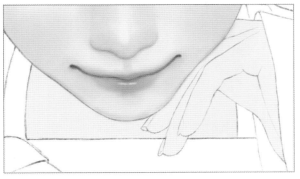

STEP 03 开始带入较红润的颜色，使用与画腮红时差不多的色调，画在手指尖及手掌心的位置，这样皮肤看起来较为粉嫩。

STEP 04 持续加上更深的阴影并带出手掌的纹路。在指甲方面，先用淡粉红色涂上一层，接着在指甲最前端加上一点淡淡的白色，让它看起来有晶莹剔透的感觉。

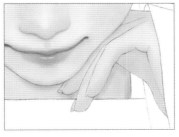

STEP 05 整体色调都定好之后，最后一样是使用**调和笔\加水笔**，将整个画面混得更加柔和些，身体的部分也就绘制完成了。

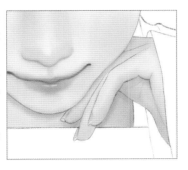
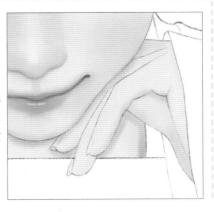

7.4 .. 头发的画法

STEP 01 新建一个图层，命名为"头发"。选取深灰色，先打上一层底色。

STEP 02 单击存储透明度，大致画出整个头发的深浅，头发要依照头的形状画出圆弧状的感觉。

STEP 03 继续使用 **喷笔\柔性喷笔**，选取浅紫色，缩小画笔，开始绘制一条条的发丝。发丝要依着头颅的形状做转折。

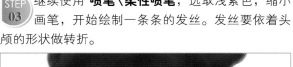

STEP 04 使用 **调和笔\加水笔**，将线条交接处做混合的动作，发丝才不会看起来太过锐利。

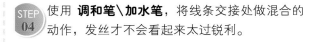

STEP 05 与步骤3同样的方式，在其他地方绘制细小的发丝，再使用 **调和笔\加水笔** 涂淡。

STEP
06
再回到 **喷笔\柔性喷笔**，一样使用小画笔，用更深的颜色，画出深色的发丝。

STEP
07
到这里觉得头发的对比度还不够强烈，将画笔改选为 **照片\减淡**，再次提亮头发的光泽(照片\减淡这支笔本身没有颜色，作用为加强色彩亮度)。

STEP
08
加深头发的对比，画笔改选 **照片\燃烧**，透明度调为5%，将其他地方加深，头发就大功告成了。

7.5 开始绘制衣服

STEP 01 新建一个图层，先打上新娘服的深红色，为了让色彩丰富一些，在袖子部分加上了不同的颜色。

STEP 02 勾选 **保存不透明度**，先画出衣服的亮面。

STEP 03 使用 **调和笔 \ 加水笔**，将亮面混合得柔和点。

STEP 04 上完衣服的暗面后再用调和笔柔化。

 ▶

STEP 05 袖子的部分，同样是先画亮面再上暗面，如果习惯先画深色再上浅色也行，至此衣服绘制就完成。

 ▶

7.6 ··· 衣服花纹

STEP 01 你可选用现成的花纹或参考本章末说明的花纹制作方式，绘制一个看起来较有中国风的自制图案，准备制作花纹。接着新建一个更大的文档，这里设定为13.5cm×12cm，分辨率为300dpi，一开始设定多少长度都没关系，因为之后还会随着排列之间的距离调整画布的大小。

STEP 02 将图案拉进文档中，并复制多个排列整齐。这样就是一个可用的自制花纹文档了。

STEP 03 将花纹图案拉进文档中，选择好要贴的位置，再复制一个拉到另一边的袖子位置。

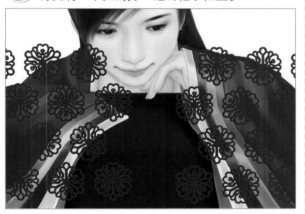

STEP 04 选取两个花纹图层，折叠群组成一个图层并命名为花纹，方便待会一起做处理。

STEP 05 折叠群组好后就将多余的部分擦掉，我只保留红色衣服覆盖到的地方，其他部分则全部擦除。

STEP 06 将花纹的图层混合模式改为 **叠加**，颜色就会随着衣服的深浅明暗变化。

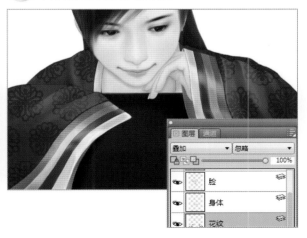

STEP **07** 最后加上珠宝盒之后，整个人物的绘制就完成了！

7.7 自制花纹

在绘制古装衣服时通常会贴上花纹，花纹的来源可以是自己画的，也可以直接购买图库光盘，若是上网搜寻的花纹图案可能会有版权问题。在此教大家一个快速自制花纹的好方法，这是Painter 12所新增的功能，让你能制作出独一无二的花纹。

STEP **01** 新建一个文档，高宽为5cm×5cm，分辨率为300dpi，以正方形的边长为佳。再点选 **画布\对称\万花筒模式**，在此模式下就可以创造出意想不到的美丽图案。

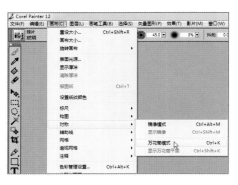

STEP **02** 万花筒模式下的对称线比镜像模式多了许多。我特别将画过的路径以红色的线条表示，绿色部分则为自动会产生的相应线条。你可以发现，随意乱撒的线条却能产生如此精准的图案，且无需经过任何思考与设计，你永远不晓得下一笔会出现什么样的结果。

你也可以更改对称线的数量，镜像的
对称线有1~2条，而万花筒对称线为
3~12条。只要在右方工具箱中点选
镜像绘图图标的右下角三角形，点选
右边的万花筒，就可以在上方属性栏
中更改对称线的数量。

如此一来对称线的数量就变多了，画出来的图案也就
越复杂。你可以随意地增加或减少数量，也可以更改
画笔颜色，让色彩看起来更丰富。

五条对称线

七条对称线

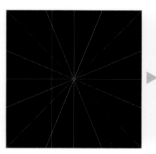

九条对称线

十二条对称线

对称线的角度、颜色，或中心点的位置也可以更改。

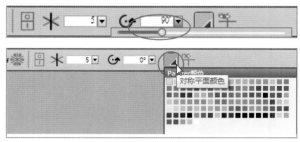

旋转角度功能除了拉滑杆，也可以直接在画面上旋转
对称线角度。

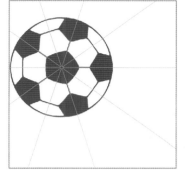

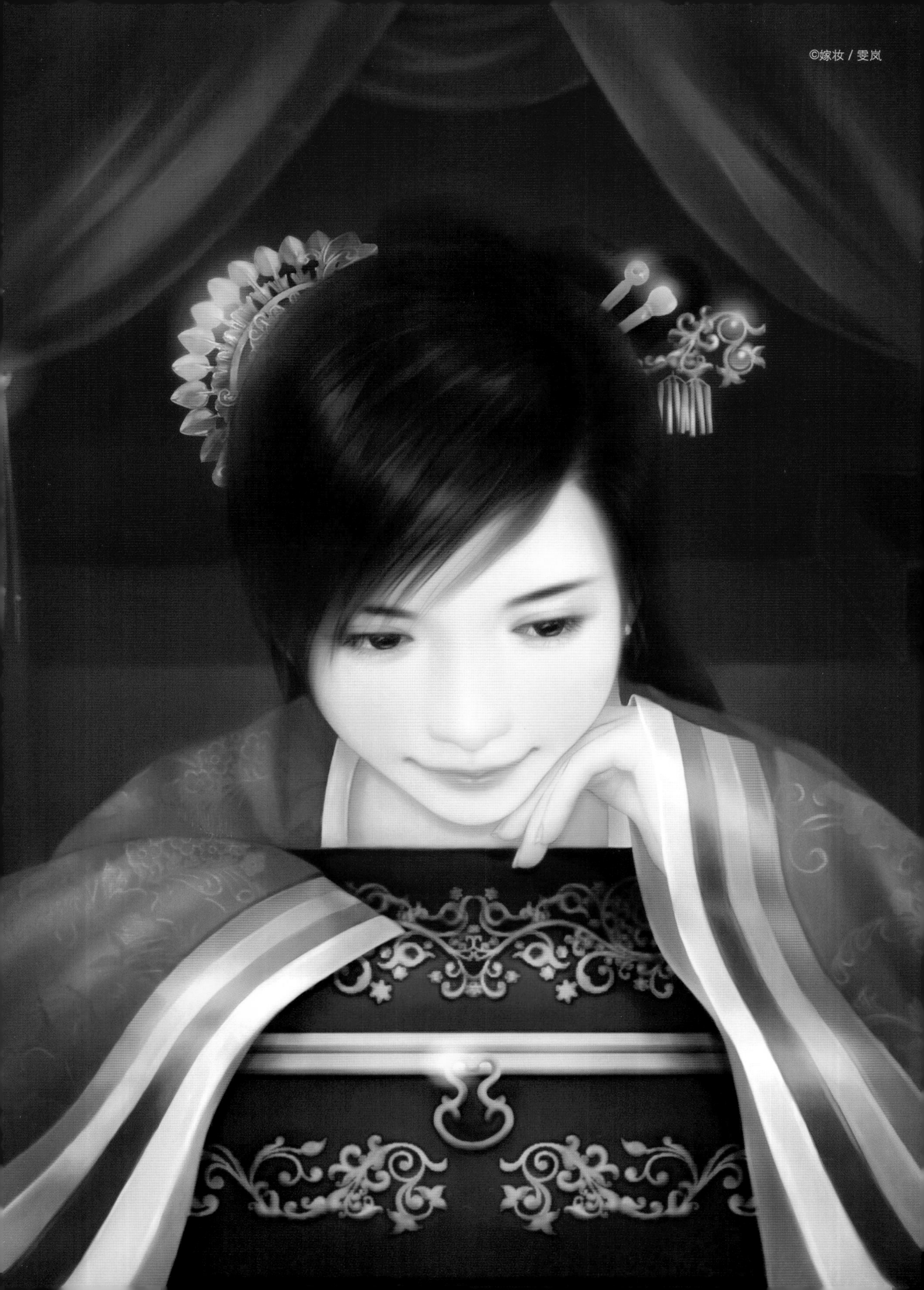

©巧笑倩兮 / 雯岚

Mr.蛙 绘

Chapter 8

灰姑娘幻想旅程

好久好久以前，在一个村落里，有一位天真可爱的小女孩，她叫做灰姑娘。
这一天，她遇到可爱的精灵，可爱的精灵就问了灰姑娘，你知道什么叫做勇气吗？问完
便飞走了。回到家中的灰姑娘，怎么想都想不出答案，于是决定出村找寻答案，灰姑娘
幻想旅程就这样开始了！

8.1... 草图及正草图绘制

绘制角色时会分为两个阶段，先从草图开始画出大概的形，再另新建图层描绘精细的正草图。画面设定为直立式，运用故事中灰姑娘的冒险旅途，多位朋友陪伴，经过长远的旅途终于来到了城堡。把灰姑娘的年龄设定为18岁少女、以女仆的服装为主，并安排生动又活泼的小动物跟大头人为灰姑娘旅途上的同伴。

STEP 01 首先新建一个文档，把尺寸设为28cm×35cm，分辨率为500dpi，设定完单击确定按钮。

STEP 02 选用适合的画笔：我喜欢粉彩笔画出来的淡出效果，你也可以再改成自己喜欢的画笔，加上调整过后的画笔跟Photoshop的喷枪工具有一样的效果。点选粉笔图标后，选择尖锐粉笔，将常规的附加方式改成颗粒硬性覆盖，不透明度改成100%。接下来的步骤直至最后也都只用了这支尖锐粉笔画笔。

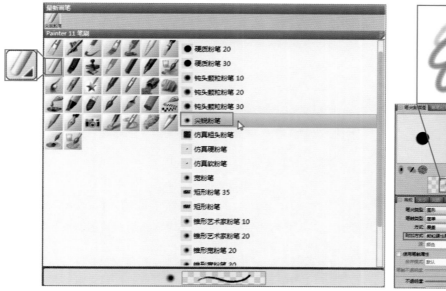

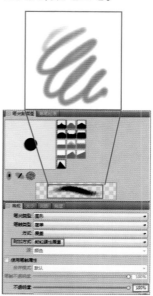

STEP 03 草图：画草图时不必画得太精致，大概抓个形，整体的感觉完整化，慢慢地把角色一个一个绘制出来，最重要的是灵感，一旦抓到灵感、方向，就可顺利地继续绘制完成。

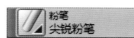

STEP 04 描绘正草图：当草图完成后，再新建一个图层放在草图的上方，调整画笔大小(建议值为4.5)，把草图的不透明度调低(建议值为75%)，才可方便在图层上描绘正草图。完成正草图，就可以把草图的图层拉进右下角边的垃圾桶了。

8.2 为角色上底色

在上颜色前必须要先设定角色的颜色，再运用画笔的技巧加以绘制，我上色的习惯是先绘制底色后，在依着阴影把角色群立体化，等形大概出来时，再把图层折叠群组，绘制到最后时便只会留下一个图层。

STEP 01 灰姑娘：着色前需在正草图的下方新建一个图层，方便绘制底图时，不会影响到正草图线稿。衣服选用蓝色作为主色，为女仆的象征。

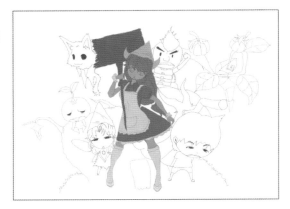

STEP 02 配角：帮主角上色时也要考虑其他配角的配色合不合适！小小编区块选用粉橘色，青蛙区块选用粉黄色，女精灵区块衣服选粉红色，头发区块为粉黄色，灰仔的区块肤色选用灰色，背着大南瓜的三哥头发选用粉咖啡色，衣服选用粉黄色，裤子选用粉蓝色，南瓜选用比较暗沉的粉橘色，灰姑娘的主色选用粉蓝色，围裙、袜子、帽子区块都用米白色作为底色，头发区块选用粉咖啡色，木牌选用深咖啡色。色系都以粉色系为主，配合童话故事的感觉进行上色。

STEP 03　植物：因为草地跟树木区块都是绿色，为了避免上色时混乱，所以要区分出草地及树的颜色，草地区块选择粉绿色，树的区块选择深绿色，南瓜部分跟三哥背的南瓜颜色一样选用比较暗沉的粉橘色。

8.3 ··· 为角色层次上色

绘 制完底色后，就可以利用层次上色帮众角色立体化。先大概抓出阴影的感觉，颜色绘制差不多时，再把图层折叠群组(按住Shift键+点选正草图及层次上色二图层，按下左下角的图层命令选择折叠群组)，直接在同一张图层上色，一笔一画地把形绘制出来。

STEP 01　灰姑娘：先设定脸部的明暗，光源由下往上，将眼睛部位慢慢加深颜色，让灰姑娘的眼睛看着右边，有着思考事情的感觉，头发跟帽子的光源是由右边照射，再把明暗加深，随着光源画出帽子的褶皱，衣服和围裙可加上一些花纹及线条让灰姑娘变得更优；牌子区块则是加强木纹和木条的质感。

STEP 02　灰姑娘脸：拉近一点看，感觉灰姑娘的脸部还是有点平，所以再加深些脸部眼线、鼻子、眼睫毛的阴影，就能让脸变得更立体。

STEP 03 小小编：小小编区块则以三色猫的形式着色，用粉彩笔画出毛绒绒的感觉，完成一定的程度后，再把画笔大小调小(建议值为-4.5)，猫猫的尾部尖部部位可以画得锐利些，眼睛画出往右看的感觉，让它跟灰姑娘有些互动。

STEP 04 青蛙先生：为了要让青蛙先生的皮肤有亮泽的感觉，使用粉彩画笔，加深脸部和身体明暗后，在皮肤上微微打上一层亮光，可让皮肤有玻璃球的感觉，运用明暗把叶苗阴影画出茂盛的样子，就完成忧虑的青蛙先生了。

STEP 05 小精灵：把无神的脸部表情阴影慢慢加深，黄色的头发、衣服的褶皱、帽子折痕的阴影慢慢地定形，翅膀的中间部位，要接近树的颜色，才可达到透明度的效果，使用粉彩画笔上绿色时轻微地画上(不必微调不透明度，只要数字笔力道不用画得太重)，就可让翅膀有透明的感觉，树木稍微加上一些小碎花。

STEP 06 灰仔：脾气永远是愤怒状态的灰仔，在脸部画出愤怒的表情，将庞克的发型加深明暗，就能呈现头上冒火的感觉，用画笔将盔甲画出片状层次阴影，手势举成像超人一样，呈现出冲锋陷阵的样子。

 ▶  ▶

STEP 07 三哥：背着大南瓜的三哥，似乎有点累，设定光源为从右边照射过来，脸部肤色及头发，由底色添加一些色泽和发色，并修饰不规则的边缘及阴影加深过后的颜色。

 ▶  ▶

STEP 08 草地：草地区块则要留意远近的感觉，用粉笔画出毛茸茸带刺的感觉，完成一定程度后，再调低画笔大小(建议值为-4.5)，在草地的尾部尖部部位用画笔把它画锐利一点，就能呈现毛茸茸带刺的效果。

▼

 ◀

STEP 09 整体角色群：经过局部上色后，可看出前后的差异性更大也更立体了。这样角色的部分就差不多快完成了，整个画面都设定完整后，再处理眼睛的着色。

STEP 10 层次上色——草地与小碎花：之前树上已加上小碎花，所以想在草地上也加上小碎花，除了让草地看起来丰富而且色彩缤纷，也有互相呼应的效果，整体的画面又变得更丰富了。

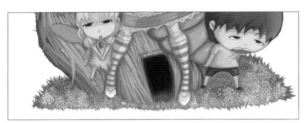 

8.4 城堡上色

灰 姑娘跟同伴们一起旅行，最终的目的地就是一个国度的城堡，所以要在人物的背后加入城堡作为背景。印象中的城堡是很多灰白色砖块堆积而成的砖墙，还有暗红色的屋顶，更少不了带点魔法童话感觉。城堡的部分我是以无线条的方式进行绘制。

STEP 01 城堡：新建一个图层，放置到人物图层的下方，这样才不会影响到角色图层，一开始不必画得太精致，先大概地画出城堡的形状，底色设定为灰白色，城墙颜色选用暗色系的灰、瓦片选用暗红色，底图绘制完整后，再接着画砖块和瓦片的步骤。

STEP 02 砖块与瓦片：因为砖块和瓦片都是层层堆栈出来的，所以画的过程必须要有耐心，细心地画出一颗颗砖块及瓦片，依着光源的方向描绘阴影的感觉，不然整体的感觉会平平的。

STEP 03 城堡完稿：完成砖块和瓦片后，城堡整体就快要完成了。除了修饰一些不规则的边缘，为了搭配呈现童话般的梦幻，可以再加上一些梦幻元素，例如充满魔法的宝石或是在城堡顶层加上彩色花堆。

STEP 04 城顶与草：城堡看来还有点单调，想将城堡变得更丰富，所以在城堡顶部加上草堆，不必另外新建图层，直接在城堡的图层细微绘画，先用深绿色上底色，完成后修饰一些不规则的边缘，画出草堆的形状。

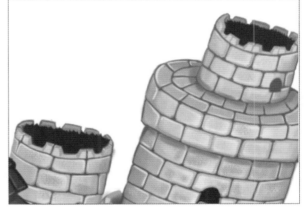

STEP 05 城顶与小碎花：其他的城顶也同时画上草地底色后，再加上小花堆，让城顶不会单调，花堆的颜色可以用粉蓝、粉红、粉黄搭配，花草完成后，是不是就有不一样的感觉了！

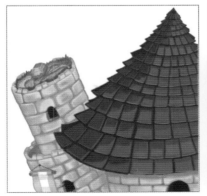

Painter 12 百变CG绘画创作技法 | 145

STEP 06 宝石：在城瓦上加上魔法宝石，可以让城堡变得更梦幻。先打上深蓝为底色，宝石以不规则的形状去抓反光及阴影的角度。此图加上角色群再加上城堡后，看起来又更丰富了吧。

STEP 07 城墙与青苔：因为想让城墙呈现出岁月斑驳的痕迹，所以在城墙上面加点青苔元素，使用粉彩画笔，选用绿色轻微地画在城墙上(不用画太用力)，在城堡的每一个部分，微微地显示青苔，让城堡有种老旧的感觉。

8.5 天空上色

当角色、城堡的部分已经完成的差不多，故事里的元素也差不多都到齐了，最后当然少不了天空，为了让构图活泼一点，天空部分想设定成不规则的形态，例如添加一些不同形态的云朵。

STEP 01 天空：在城堡图层下新建一个新图层，天空的颜色要选用天空蓝为底色，先大概描绘出云的形状。

STEP 02 天空与试画：使用粉笔画笔，颜色选淡蓝及淡蓝绿。运用圆形一点一点地加深层次明暗，天空就会出现云的形态效果了。

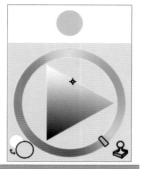 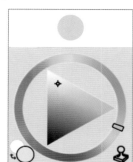

 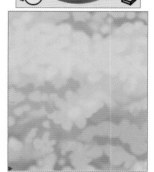

STEP 03 天空与层次：天空底图完成后，再慢慢抓出明暗，就可达到远近的层次感，尽量在同一个图层着色，最后编辑时才比较好处理（将天空底图名称改为层次上色）。

STEP 04 云朵：天空上色后，在上方加入云朵元素，整体就差不多完成了，云朵的位置必须要在城堡和天空两者间，在这两个元素的图层之间创建一个新图层，选用暗灰色描绘云朵的形状。

8.6 ·· 眼睛上色

现在开始绘制人物群的眼睛颜色，眼睛就等于每一位角色的灵魂，本图设定每位角色眼睛的颜色都不一样。少了一点东西，整体的感觉就会不对。

使用粉笔画笔，依据不同角色选用不同的颜色在眼珠下方画成上弦月的形状，轻微往上画，层次处理完之后，再用白色点出光源反光点的亮点，光源设为右边照射，画成像水珠的形状。

灰姑娘：选用绿色

小小编：选用蓝色

灰仔眼睛：选用红色

三哥眼睛：选用绿色

小精灵：选用蓝色

 ▶  ▶

青蛙先生：选用绿色

 ▶  ▶

完成所有角色的眼睛，幻想旅程的着色就告一段落了。

8.7... 灰姑娘幻想旅程完成

制作的习惯

从草图到完成，只选用微调的粉笔画笔，因为没加入其他画笔效果，所以没有多余的图层，只会留一至两个图层(例如城堡、天空、人物、云朵)，等图完成之后，我的习惯是会把所有的图层折叠群组成一个图层。一笔一画都要有耐心地把它画完，相信下过功夫的作品一定会是心目中最得意的创作。

YEH—YA 绘

Chapter 9

蝴蝶飞呀!

在云雾缥缈如仙境般的山谷中，清澈的小溪、各色缤纷的花朵布满山谷，小动物们化身为紫斑蝶飞舞在彩虹花海中，寻找着最美丽的花朵。想象着小动物们快乐地穿梭在花海中，要挑选最喜欢的花朵献给最爱的母亲。小熊贪心地摘了满满一大把的康乃馨、老鼠被花香吸引着忘了重要的任务，小黑狗深思着小雏菊是否适合送给母亲大人、猫咪选了最爱的郁金香、兔子则开心地带着金针花准备回家。把生活中的小点滴结合到画中，喜欢明亮丰富的色彩，希望自己的画能给人温暖的感觉，于是我帮笔下每个角色都取了名字与设定不同的个性，快乐的生活在我的童话故事里，快拿起笔跟着我一起进入充满欢乐的童话世界里吧!

9.1 山谷与蜿蜒小溪

和 缓起伏的山谷淙淙流水，两旁布满了缤纷的花海，一群蝴蝶优雅地飞舞穿梭着，接下来将告诉大家如何利用折叠群组和色块构图的方式来完成作品。

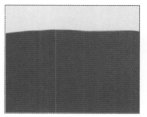  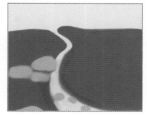 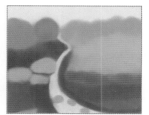

STEP 01 准备绘制草图，在Painter中新建一个尺寸为23.6cm×19.6cm，分辨率为300dpi，存储为PSD的文档。在画布上使用 ◆油漆桶填上淡蓝色的底色。新建一个图层，命名为"背景草图"。使用 **粉笔和蜡笔\锥形宽粉笔**，设定画笔数值请点选 **窗口\画笔控制面板\常规**，画笔数值设定为 **最小尺寸\100%** 或 **表达式\无**(二者择一即可)，不透明度为30~50%，颗粒为80%~90%，间距为20%~25%。在"背景草图"图层上用色块先画出整片山谷的位置，再画出像是从远方流过来的小溪，由细到粗的溪流能让画面产生透视感，在山谷上和小溪里画上些岩块，最后画出树丛和花海的位置。

STEP 02 新建图层，命名为"角色位置草图"，画出每只动物的大小、位置、动作。草稿可以随兴地大略画出心中想要的感觉，之后再慢慢地修正，不需过度着墨，能辨视即可。也可直接打开光盘内草图文档练习(蝴蝶飞呀.psd)。

提醒

有些画笔特性会混合下层图层的颜色，在透明图层使用时会产生白色笔触，建议绘制时检查图层从下层采集颜色功能是否打开。

STEP 03 岩石的绘制。先从背景开始，若从小地方画容易被局限，可选择从较大的对象开始，再逐步往细部绘制。先将"角色位置草稿"图层的眼睛关闭，接着把"背景草图"图层的不透明度调整成30%左右，隐约能看到背景的位置即可。在"背景草图"图层上方新建一个图层，命名为"岩石"，使用 **粉笔和蜡笔\锥形宽粉笔** 打上岩石的底色，画出岩石的大小位置形状。

提醒

本作品将使用大量图层的方式绘制，所以图层的管理和命名很重要，明确命名将方便日后寻找修改。只需在要更改名称的图层上双击即可修改图层名称。

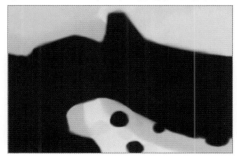

STEP 04 利用深浅不同的色块画出岩石的高度，营造出画面的透视感。接着用较浅的灰棕色画出岩石上不同大小的石块，表现出大小岩块堆栈的感觉。

STEP 05 慢慢画出不同石块的亮暗面，增加立体感。使用 **粉笔** 和 **蜡笔\矩形粉笔**，画笔只需调整不透明度为30%。利用画笔本身的矩形结构可以容易地画出石块边界较锋利的切角。而画笔本身的纹路也可以营造出石块表面的凹凸感，表现出整片岩块的崎岖感。

STEP 06 这里要教大家如何绘制底纹，增加画面的质感。另外新建一个文件，尺寸为23.6cm×19.6cm，分辨率为100dpi。接下来将使用水彩和仿真水彩画笔制作底纹。制作水彩底纹没有什么要领，就是不断地尝试混合运用画笔。示范图先是使用了 **仿真水彩\干上干纸纹** 画上底色，再使用 **水彩\湿性颗粒海绵** 画出斑驳的白斑感，接着使用 **仿真水彩\不规则碎片形颗粒** 再画上层底色，再用 **仿真水彩\不规则碎片形干性擦除** 随意刷出局部的浅白，最后用 **仿真水彩\泼溅干性** 清除增加点细碎颗粒。

仿真水彩
干上干纸纹

水彩
湿性颗粒海绵

仿真水彩
不规则碎片形颗粒

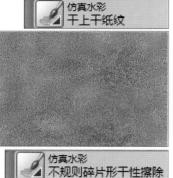
仿真水彩
不规则碎片形干性擦除

仿真水彩
泼溅干性

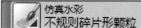

STEP 07 要营造出人间仙境般的感觉，当然少不了清澈的小溪。回到原先的文档中，在"岩石"图层下方新建图层，命名为"下游"，画上蓝色的溪水底色。打开上一步骤中制作好的水彩底纹全选(Ctrl+A键)复制(Ctrl+C键)，回到原先文档中在"下游"图层上方贴上(Ctrl+V键)，调整图层混合模式为叠加，水彩底纹的颗粒状纹理可模拟河床的沙石感。

STEP 08 接下来要画出小溪的水流和清澈透明感。在"水彩图层1"图层上方新建一个图层，命名为"水流"，使用**钢笔＼干墨笔**，不透明度调整为30%。使用淡蓝色涂上一层水流的感觉，颜色调为白色，轻轻地涂上第二层，水流在岩石边会激起白色的水花，可以把画笔调小，在岩石边缘多刷几次强调效果，最后使用**橡皮擦＼擦除工具**，不透明度调整为10%，画笔调小，局部擦出溪水的透明感。

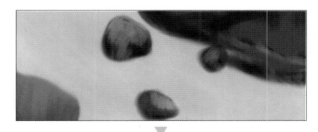
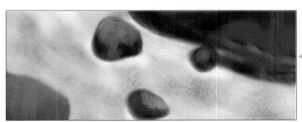
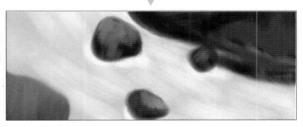

STEP 09 瀑布与水花的绘制。在"岩石"图层上方新建一个图层，命名为"瀑布"，使用 **粉笔** 和 **蜡笔\锥形宽粉笔**，把画笔调小，慢慢地画出细小的水流，画出从岩石上方流下形成的瀑布。在岩石的周围补上激起的水花，营造出溪水流动的动态感。

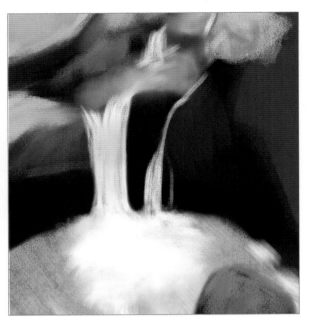

9.2 ... 彩虹花海

STEP 01 小溪画完后，再来就要画上缤纷的彩虹花海。新建一个图层，命名为"花海底色"，使用 **喷笔\小型柔性喷笔**，不透明度调整为10%，使用圆头状笔尖，先想好每块花田想要种的花，使用不同的颜色画上七彩的花海底色。

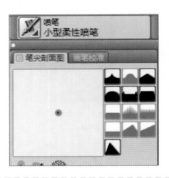

STEP 02 自制画笔可以快速地画出整片各色的花海。新建一个文档，尺寸大小不拘，使用 **喷笔\锥形细节喷笔**，颜色为灰黑色，绘制花朵和小草的形状。使用矩形选区工具选取画好的小花图案，按下画笔图形上的黑色小三角形，点选弹出菜单按钮，在下拉列表中选取捕捉笔尖。

提醒

自制的画笔图案不能绘制在图层上，一定要绘制在画布上才能捕捉使用。捕捉好后记得取消选区(Ctrl+D键)，如果有设定选取范围，画笔将只能作用在选区内。

STEP **03** 存储常用的自制画笔，按下画笔图形上的黑色小三角形，在下拉列表右上角单击后选取存储变量，帮画笔命名方便下次使用时寻找。存储完的自制画笔就可以在喷笔画笔的选单里找到。

STEP **04** 为了使画出来的花朵能有大小、角度、颜色的随机变化，需要调整小花画笔的数值设定。不透明度为20%，挤压为99%(表达方式\随机)，间距与最小间距均调到最大，最小尺寸调小(表达式\随机)，颜色变化HSV均调到10%左右，调整完即可画出大小、角度不一，有颜色变化的小花。

HSV 为 0% 时，色彩为单一颜色

  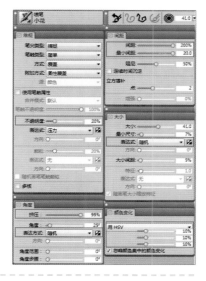

HSV 为 30% 时，色彩为多种色系不同颜色

HSV 为 10% 时，为相近的同一色系不同颜色

STEP **05** 使用"小花"画笔在"花海底色"图层上快乐地绽放吧。首先按Alt键吸取要画的花海底色，画笔调整到适当大小，就可以在色块上随意铺上花朵，较远处的花海可以把画笔调小一点，就会产生远近的透视感。绿色草地上可自制另一支"小草"画笔，方法与"小花"画笔相同，数值除角度不调外，其余皆与"小花"画笔数值相同，在岩石花海旁都可以补上一些青绿色的草地。

 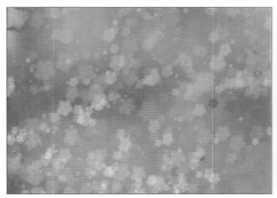 

STEP
06
为使花海更生动美丽，请耐心地画上各种不同品种的花朵吧！本作品搭配了粉红色的康乃馨、红色的郁金香、橘黄色的金针花、紫色的熏衣草、淡黄色的小花、不知名的小草。熏衣草和远方的树丛可以使用 **艺术家画笔\修拉**，调小画笔就可以画出细小不规则排列的圆点。

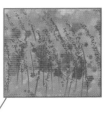

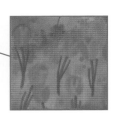

STEP
07
背景大致完成后就可以群组所有和背景有关的图层。按住Shift键再点选要群组的图层，鼠标右键点选图层命令，弹出的菜单中点选群组图层。将群组命名为"背景"，可以将用不到的"背景草图"图层删除。

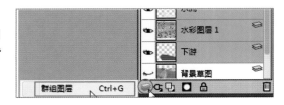

9.3 美丽的蝴蝶飞舞

小 动物们终于要上场了，接下来要教你简单地画出可爱的动物，一只只的美丽蝴蝶将翩翩飞舞着。开始绘制前可以先收集一下紫斑蝶的数据，认真地观察蝴蝶的构造、翅膀的花纹。

STEP
01
来画圆滚滚的小熊。打开关闭的"角色位置草图"图层的眼睛，将图层不透明度调整为50%左右。新建一个图层，命名为"熊身"，使用 **粉笔** 和 **蜡笔\锥形宽粉笔** 绘制熊的身体，一样是使用色块方式构图。先将画笔调大在原地画圈，多转几下就可以画出一个大圆，当作小熊的身体。

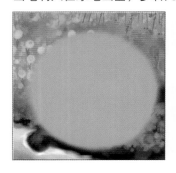
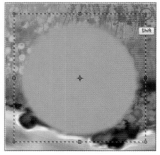

提醒

画的圆可以按Ctrl+Alt+T键自由变换调整大小，鼠标移动到四边角的圆形控制点，看到变换符号后拉动变换框，即可缩小放大，加按Shift键可以等比例缩放大小，加按Ctrl键则可以旋转角度。调整宽适当大小角度后，可以按下上方属性栏确认变形。

STEP 02 修饰小熊身体的形状。使用 **橡皮擦/擦除工具**，画笔大小调小，小心仔细地把圆形边缘的毛边擦干净，修饰圆的形状。可以把圆稍微修扁一点，最后在圆形的下方中间处擦掉一个小矩形，就会出现脚的形状。

STEP 03 为小熊画上可爱的耳朵。把画笔调小，在大圆的上方左右两边画上耳朵，圆的一半画在身体上，另外半边超出身体，毛边也要修饰干净。小熊本身是几何图形的组合，只要用大小不同的圆组合，就可以很轻易地画出可爱的小熊。

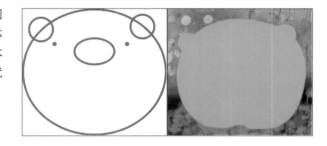

STEP 04 小熊五官的绘制。新建图层，命名为"熊耳"，接着画椭圆形当作嘴边的白圈，在耳朵的位置画上两个更小的半圆，当作小熊的内耳。再新建一个图层，命名为"熊眼"，画上小熊的眼睛、鼻子和嘴巴，小熊的样子就大致出来了。

STEP 05 利用渐变层和不同深浅的颜色画出小熊的立体感。回到"熊身"图层，按下存储透明度按钮，使用 **粉笔** 和 **蜡笔\锥形宽粉笔**，不透明度为10%以下，轻轻地在熊身上涂上渐变层，我喜欢下半身带点深蓝与深紫色，头部上方可以涂上点青绿色，你也可以涂上你觉得适合的颜色，也许会有意想不到的效果。不用担心颜色不均匀看起来不自然，只要使用 **调和笔\加水笔**，不透明度为10%，就可以融合刚才涂上的各种颜色，尤其是不同颜色交接的地方，可以变成漂亮的渐变层层次感。

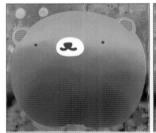
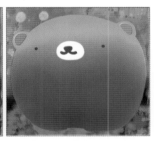

STEP **06** 再来就是帮小熊补上胖胖的手。按Alt键吸取熊身上最深的颜色后，在色盘上往左下方移动一点点，比吸取的颜色再深一点即可，画上手的轮廓后一样使用 **调和笔\加水笔** 推开线条中心点两边过粗的地方，颜色较深的地方看起来就会像是手部在身体上的阴影，手臂上方可以再加点浅色、下方则加点深色混色，营造出手部的立体感。

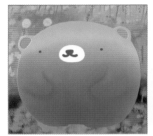

STEP **07** 耳朵、眼睛和嘴巴的渐变层绘制。先涂上各种深浅的颜色，嘴边白毛部分可沿着嘴鼻下缘，上层紫灰色当阴影，椭圆下方较暗的部分画上点淡淡的黄灰色。内耳部分，由下而上分别会涂上深红、橘色、粉红，再使用调和笔混合。

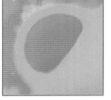

提醒

画完后记得取消储透明度，才可在新建的图层上画出东西。

STEP **08** 为小熊画上双美丽的翅膀吧！新建一个图层，命名为"熊翅"，把图层放在"熊身"图层上方，方便画出翅膀适当的大小和被身体挡住的部分，画好后再移动图层顺序就可以了。把两边的翅膀想成是四个三角形相叠。大小形状画好后，擦拭边缘的毛边和修出翅膀边缘的小波浪状。

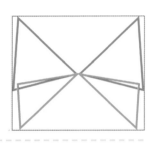

STEP **09** 翅膀渐变层混色。取消存储透明度，画出翅膀不同部位的深浅色块，再使用调和笔混色。

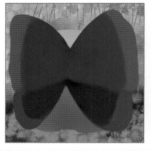

STEP **10** 画上翅膀上美丽的花纹。先介绍两支好用的画笔，首先使用 **照片\燃烧** 画笔，画上翅膀较深的部分，可以从左右翅膀的中心点放射画出，会产生类似翅膀纹路的感觉。再使用 **特效笔\发光** 画笔画上蓝色的纹理与斑点，翅膀画完成后即可把图层顺序移至"身体"图层下方。

照片
燃烧

特效笔
发光

发光画笔适合用在底色较深的地方，可以画出漂亮的光点。颜色使用上可参照右图，色盘颜色越右边颜色越鲜艳，越往上画出来越接近白色。

STEP 11 补上触角和白爪。新建图层，画上头部的触角和手上的白爪，身体脚部的地方也可以补上一些花草的纹理，让自创的角色更有独特性和故事性。

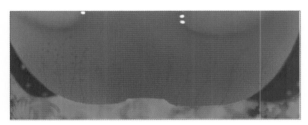

STEP 12 最后在手上加束漂亮的花束，小熊就大功告成了！花朵和茎的部分可以分两个图层绘制。先用喷笔画出茎和叶子，再到花朵的图层画上大小不一的圆形，画上深浅渐变层后再把画笔调小颜色调深，画出花瓣的感觉。

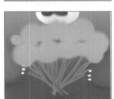
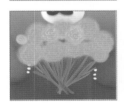

小熊完成后可以把有关小熊的所有图层群组，命名为"熊"。光盘附有文件名为"蝴蝶飞呀—小熊"分层的PSD文件，已经画好小熊所有部位的形状，可以练习帮小熊画出渐变层和立体感。

STEP
13 也画上其他小动物吧。紫斑蝶有很多不同的品种、不同的花纹，可以帮每只动物配上不同样式的翅膀，仔细观察还可以发现，紫斑蝶头部下方有着可爱的小白圆点，可以变成可爱的领巾围在小动物的脖子上，让角色更生动活泼。完成所有动物后就可以把"角色位置草稿"图层删除，将每只动物各自的图层设为各自的群组后，可以到Photoshop里使用变换工具(Ctrl+T键)，调整位置大小，因为Photoshop有群组调整大小的功能，可以很方便调整大小、位置和角度。

提醒

在Photoshop中只能微幅缩放大小，对象一旦缩小后再放大会容易产生分辨率不够的问题，调整大小时需留意或另外存一份备用文档。

9.4 ··· 美丽童话的诞生

STEP
01 画上飞舞的紫斑蝶让画面更活泼。完成背景和主角们后，再来就是要把画面修饰得更融合。紫斑蝶可以直接使用动物身上已经画好的翅膀。先用老鼠翅膀做示范，首先在图层窗口里点选"鼠翅"图层，按右键复制图层，在画面上按住Ctrl键拖曳，直接将复制出的翅膀拖到旁边空旷处，画上蝴蝶的身体、肢脚和触角。完成的蝴蝶可以点选 **编辑\水平翻转** 改变方向，再点选 **编辑\自由变换** 改变大小和角度，就不容易被察觉是用老鼠的翅膀画出。同样的方法制作其他蝴蝶，适当放置蝴蝶的位置，就可以让画面像是满天的蝴蝶飞舞。

STEP 02 画上对象的阴影和影子。所有对象位置确认不会再变动后，在最上方新建一个图层，命名为"阴影"，图层混合模式选择为阴影，颜色使用淡紫色偏灰。画上对象的阴影或影子，例如熊的脚边、老鼠趴在花朵上形成的阴影，增加画面层次立体感。

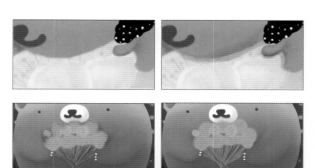

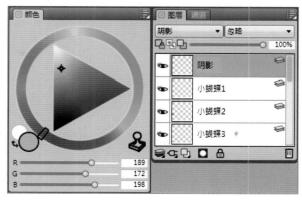

STEP 03 制造出云雾缥缈的仙境感。先在远方背景处加上些云层，接着随意地画上些很薄的白雾，让画面更有朦胧的美感。使用 **喷笔\优质柔性笔尖喷笔** 改为平头，补上一些透明圆点。最后合并所有图层，点选 **图层\合并全部**，使用调和笔轻轻地压一压和修饰没画好的小细节即大功告成了！

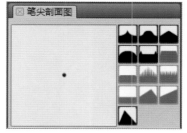

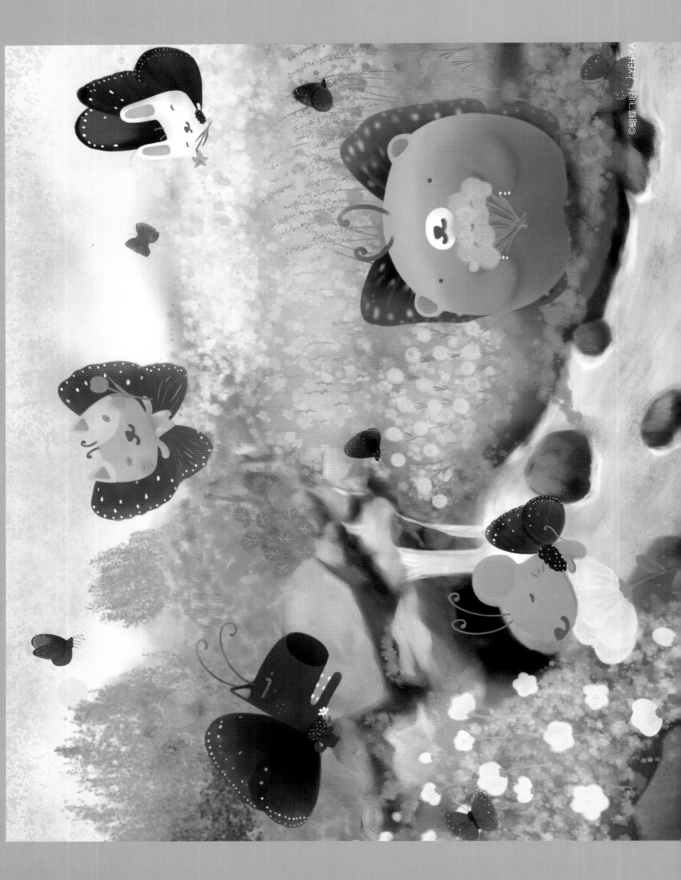

湘海 绘

Chapter 10

琴瑟和鸣

为了思索该送什么贺礼祝贺即将结婚的东方月老师，想来想去最后觉得送幅画祝贺最为合适。对东方月老师的作品印象最深的是带有东方味的古代言情风，画风用色淡雅清新，给人一种温暖柔和的感觉。所以决定用擅长的漫画风格画张符合这些条件的画。其中要符合这些条件且在造型发挥上有着相当大弹性的古装便成了不二人选。从人物设定到服装设计少了历史朝代等限制，可以尽情地自由发挥，只要搭配好就可以画出很棒的画面。

细水长流、才子佳人是我想表达的重点。但如果只单画两人互相依偎未免太过于无聊且单调，画面张力似乎不太够，从古装为出发点思考，参考了各种数据后发现舞这个主题很适合，因此有了这张构图。

10.1··· 绘制线稿，做好上色前的准备

STEP 01 新建一个文档，尺寸为26cm×19cm ，分辨率为300 dpi，在画布上新建一个图层绘制线稿，虽然直接画在画布上也可以，但是这样在上色过程中不但容易被遮掉且修改不易，建议可以在上完色后再合并。

STEP 02 线稿对漫画来说非常重要，一张好的线稿对于后续的上色处理很有帮助，所以要仔细画好。打稿常用的画笔有铅笔、炭笔和喷笔等，每种笔画出来的感觉都不同，依照不同画风，线稿的绘制方式也有所不同，可自行挑选自己喜欢的线条笔触。线稿绘制完成后，将图层混合模式转为正片叠底。

提醒

绘制线稿时，请尽量保持画面的干净，便于后续的上色处理。图层混合模式转为正片叠底是为了让线稿能融入接下来上的颜色，完成后请把线稿图层置于最顶层，如果怕会画到，可以将该图层锁定。

STEP 03 在线稿的图层下方新建一个背景图层，使用着色笔中的普通圆笔将背景大致打上底色。

STEP 04 背景完成后可以先锁定以免被画到，接着在线稿与背景图层间开始替人物上色。首先第一步骤我称它为"配色"，先将各头发、皮肤等都分别铺上底色，多余的部分可用橡皮擦工具擦掉。这个步骤主要用意在于决定颜色，先决定好颜色后可以省去不少试色的时间，这个动作如果做得确实，接下来的上色速度就会快很多。到这里上色的前置工作大致上就完成了。

提醒

建议将每个部分都分别用图层区隔，如头发或肤色，往后如需修改就方便许多。

10.2 上色口诀：铺底色\加暗面\上亮面\修细节

上色看似很复杂，其实归纳起来就只有这几个步骤，开始上色前要先介绍一个功能，这也是前面特地花时间用图层将每个部分的底色区隔开来的主要原因。

在图层面板的上方有三个图标，请单击最左边的存储透明度。这个功能能将绘制范围局限在图层中有颜色的部分，这样不管怎么画都不会画出线稿外，不必反复用橡皮擦修饰，十分方便。

肤色

STEP 01 使用 **着色笔／普通圆笔**，将不透明度降低到10%，选用较暗的肤色在脸部的暗色面轻轻地涂上一层暗面。选色时如果不知道要怎么选，可以把色表上的光标稍微往下移一点，着色笔的颜色会越画越深，请注意不要在同一个地方来回画太多次。同时也要注意绘图时的力道。

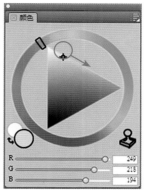

STEP 02 上完第一层暗面后再选用更深的肤色加强暗面的效果增加立体感，暗面要一层层地叠上去会比较好看，叠色时请小心不要盖掉前一次画的颜色，只需加强部分地方即可。不小心画得太深可以吸取旁边较浅的颜色画回来，因为想营造淡雅的感觉，所以肤色上得并不深，读者可视需要调整颜色深浅，这里深色主要上在眼窝、下巴在脖子上造成的影子、头发映在脸上的阴影、鼻子与嘴角。

STEP 03 上暗面时可以带入些其他颜色。例如，红色可增加红润度，但要小心不要画得太红，免得看起来像烧烫伤。只要稍微一点点就可以让人物的气色看起来更好。

STEP 04 暗面画得差不多后接着选取比底色更淡的肤色，将肌肤亮面提亮，使其更具立体感。

提醒

替人物上肤色就像是在化妆一样，暗面就是物体凹下去的部分，亮面则是凸出来的部分，如果不晓得亮暗面要如何下笔时，可以从这个观点来思考，会比较容易理解。

STEP 05 在人物的构图顺序上，女生在男生的前面，两个人的位置都是有点背光的，因此也别忘了加上些反光效果。因为光是有颜色的，这里使用了淡黄色系来当阳光的颜色，在脸颊与手臂的轮廓边缘可以淡淡地上层淡黄色当作反光，营造出阳光的效果。

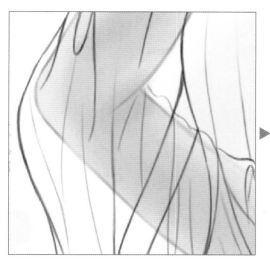
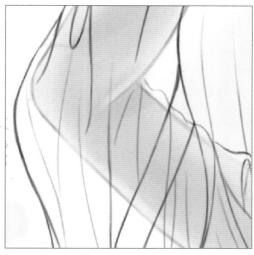

STEP 06 暗面、亮面、反光面都大致完成后试着将画面拉远，这样会比较容易看出哪里有问题，并对肤色的亮暗颜色做最后的调整，女孩子的脸颊部分可以使用柔性喷笔，将不透明度降至10%后，选个较为偏红的肤色，顺着脸颊弧度淡淡地涂上一层腮红。

嘴唇

STEP 01 使用柔性喷笔，选取喜欢的唇色，先简单地描绘出唇形。通常嘴唇并不会太刻意地去描绘，只需淡淡地上点颜色即可，主要重点在于下嘴唇。嘴唇也是造型中很重要的一环，依据颜色与形状的不同，人物表现出的气质也会不一样，所以这一步很重要。如果怕出错，可以新建一个图层来画。

STEP 02 选用更深一点的唇色制造立体感，上色时着重于加强下嘴唇的厚度，上下嘴唇间的间隔与嘴角都是主要的加强部分。

STEP 03 再次加强暗面颜色并点上亮点，画亮面亮点时必须注意光线方向，完成后嘴唇看起来就很水嫩了。

眼睛

STEP 01 画眼睛要先决定眼珠的颜色，选定颜色后再取一中间色填满眼珠的部分，填色时可以连上眼睑的部分都轻涂上一层颜色，眉毛和睫毛也可以先勾画出来，至于眼白的部分则暂时先不用管它。

STEP 03 漫画人物的眼睛是否有神很重要，单一色系的眼睛固然很漂亮，如果能再带点不同的色系增添变化，就更容易吸引人的目光，因此在眼睛的反光加入了绿色调，也加深了瞳孔的颜色，使其反光部分更为明显。

STEP 05 点上反光点。亮点是眼睛中最重要的部分，想要看起来水汪汪的大眼睛就全靠它了，亮点的位置也决定了人物的视线方向。

STEP 02 接着画上反光，在眼珠下方用较亮的蓝色画上弯月形的反光。

STEP 04 眼白的重点是不要直接用纯白色来画，这样会显得十分呆滞无神，建议可以使用带点蓝色的灰色调，也可以依作品做适当的调整。因为眼球上方较靠近眼皮阴影的关系，所以颜色要画得比较深。

STEP 06 绘制男生要注意的是肤色与唇色的选用，女生会化妆而且皮肤较为白皙红润，用色上通常选用较浅且偏红的肤色；男生的用色则较为单纯，颜色较深、偏橘色调。眼睛方面则要注意男生的睫毛通常不会画得太过夸张，眼神也较为锐利。

头发

STEP 01 脸部完成后接着进行漫画人物的第二生命——头发的绘制。选取女生头发的图层，一样单击存储透明度，建议可以先暂时隐藏肤色与头发以外的图层，一来保持画面的干净以方便上色，二来可以让眼睛不会那么疲劳。

STEP 02 选取一个比底色更深的蓝色涂上第一层的暗面，画头发很重要的一项是要注意头发的流向，请由上往下顺着头发流向画，必要时可以按住键盘上的Alt+空格键旋转画面以方便绘制。

STEP 03 选取更深的蓝来加强暗面。头发并不需要画到根根分明，有些地方简单带过反而好看，画得过于复杂有时反而会造成反效果。本范例中头发已算是相当复杂，画头发是项大工程，只能耐心地慢慢地层层描绘。

STEP 04 暗面完成后选择颜色较淡的蓝色绘制头发亮面，这张图在构图设定上阳光是从右后方照射，因此亮面大多集中于右半部，而将发尾颜色提亮的目的在于制造距离感，使头发看起来有往后飘的感觉，越后面的头发颜色就越浅。

STEP 05 制造光照感，阳光颜色依照时间的不同会有不一样的变化，这里使用的是偏白的淡黄色营造温暖阳光的感觉，在发尾与亮面的部分淡淡地涂上层浅黄色，便可以形成一个由蓝慢慢变绿再转黄的漂亮渐变层，不但有了光照的感觉，也可以增加画面的华丽感。

STEP 06 虽然颜色都已经铺上去了，但是还需要再做修饰才会好看。再次增加暗面以凸显亮部，亮色方面则可以用些白色或是淡淡的蓝绿色来修饰亮暗面间的落差。

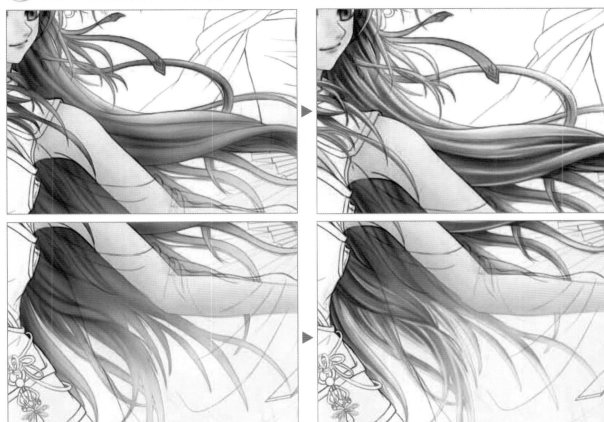

STEP 07 缩小画面检查，发现某些地方的颜色还是过暗，再次加强亮面，并做最后的细部调整，头发便大功告成了。

STEP 08 男生的头发也是用相同的方法上色，但因为男生绑的是马尾，要顺着脑袋的弧度画，从头发长出的地方开始，往绑头发的绳结方向画弧形，注意不要画成一直线，要记住头是圆的。

服装

STEP
01
头发完成后将图层锁定，开启隐藏的衣服图层并确定有单击存储透明度。从头发到衣服，也许有人会好奇为什么连被袖子遮住的部分也得画，关于这点先卖个关子，还请大家先耐着性子画完。

STEP
02
这件衣服的重点在于裙摆与袖子的渐变层色，渐变层颜色从上到下是白、粉紫、粉蓝。即便是白色也要确实涂满整个裙子范围。将主要颜色铺上去后，选取 **调和笔\加水笔**，将透明度降低到10%，这支笔能将颜色推开并混合，请由颜色深的地方向颜色浅的地方画。这个动作的目的在于将三种颜色间的分线模糊化，在混色的途中可以适度地降低色彩混合的数值，混合起来的效果会更好，也可以搭配柔性喷笔辅助。

STEP
03
增加暗面，衣服的暗面大多出现在关节部分，或是弯起来的地方。例如，图中腰部右侧、裙子的折边、女生的胸部下方。原理跟画男生的马尾时一样，画阴影时要注意光线照射的方向还有身体的弧度，这样画出来的阴影才不会过于僵硬。

STEP 04 加上亮面。使用吸管工具或是按住键盘上的Alt键吸取颜色，将色相环上的指标往上移，选取同系较浅的颜色来上亮面，因为主色调是蓝色，为了增加颜色的丰富性，可以选用相近的颜色如蓝色两旁的浅紫、蓝绿色系，或是对比较强的浅粉红、淡黄等来增加变化。

STEP 05 男孩子的衣服则着重于披风和手肘上的褶皱变化。如果对衣服褶皱怎么画还是不清楚的话可以照照镜子，试着摆些动作，观察身体各部分的衣服褶皱形状，这样对绘画功力的进步也很有帮助。

STEP 06 打开隐藏中的扇子图层，连同人物衣服上的配饰、衣服花纹等，开始做细部的绘制与修饰。花纹部分可以新建图层，在图案材质库点选喜欢的花纹即可，也可以搭配纸张与花纹功能辅助，以及各种不同的图层混合模式来制造想要的效果。

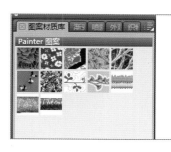

提醒：如何自制画笔

1.使用纯黑色画一个喜欢的花纹，不用太复杂，画好后用选区工具圈选花纹。

2.使用喷笔中的数字柔性压力喷笔，点选菜单栏中的画笔工具\捕捉笔尖。

3.视需求将画笔的抖动数值调高即设定完成。画的时候注意手的力道，便能画出漂亮的花纹。

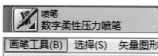

STEP
07
最后绘制女孩身上的袖子，画法请参照前面裙摆与花纹的绘制方式。

STEP
08
袖子画好后，将该图层的不透明度降低。半透明的薄纱就完成了！这也是前面绘制被遮住的头发和衣服的原因，因为这样能更加突显出薄纱若隐若现的质感。至此，人物也算大功告成了！

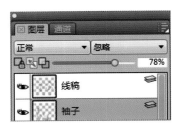

10.3... 藤花

人 物完成后就到了最后的修饰阶段。想让画面看起来更完整，背景也是很重要。风景、建筑、植物等都
是很常用的题材。为了配合人物的衣着风格，在考虑了花形、花语与颜色后，最后决定选用原产地在
中国，带有浓浓中国味的紫藤当背景。

紫藤除了外形华丽、颜色漂亮外，其花语含义是"最幸福的时刻、醉人的恋情"，这也是我选择画紫藤的主
要原因，再加上紫藤的树龄很长，合起来就成了"幸福长久"的意思，拿来当贺图中的配角再适合不过了。

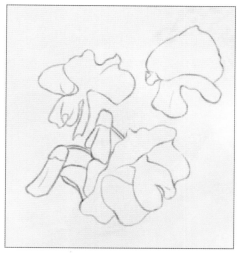

STEP 01 紫藤属于蝶形花科，外观就像只小蝴蝶。画线
稿前可先收集资料、参考照片，这有助于画出
漂亮又逼真的花。

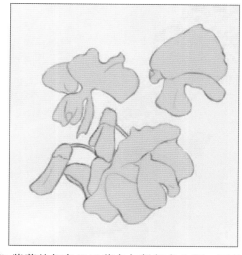

STEP 02 紫藤的颜色界于紫色与粉红色之间，因品种的
不同还有白色和桃红色的。画之前要先决定想
画的色系，这里使用的底色是偏红的淡紫色。

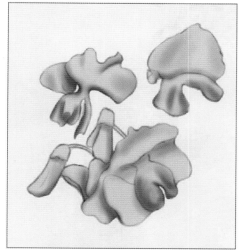

STEP 03 使用比底色更深的紫色当暗面色。上暗面的方式
跟衣服一样。紫藤花在构造上跟蝴蝶兰有点像，
有前后两层，前面那层比较小，颜色可以画深一点。

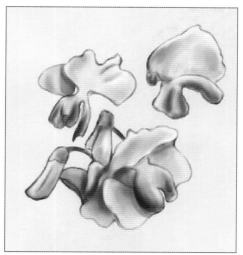

STEP 04 替花加上亮面，除了偏白的淡紫外，还可以用
些粉红。紫藤花的中心是淡黄色的。画花时可
留些笔触，不用刻意用调和笔将它模糊掉。

STEP 05　紫藤的叶子形状有点像水滴，后面比较圆，前端比较尖，边缘有点波浪状。记得要依角度不同来调整形状，颜色是淡淡的嫩绿色，新芽则较为偏红。

STEP 06　熟悉了花和叶子的画法后，以此类推就可以画出整片漂亮的紫藤花啦！紫藤的外形就像串葡萄，稍微变化位置还可以营造风吹动的感觉，在营造视觉效果上效果绝佳！先将藤花分成前后两部分，前面的藤花可以画得较为精细，但是不需要到一朵朵刻画，只需挑几朵最为明显的刻画即可，其余的则可用色块表示。

STEP 07　因为人物后方的藤花是在很后面的景色，基本上连线稿都可省略，直接用色块的颜色变化拼凑出大概形状即可，过于复杂反而会抢了主角的风采，颜色也不需像前面的藤花那么鲜艳，淡淡的有个影子就行了，也可以使用画袖子时用到的"降低不透明度"功能来辅助。

10.4 … 最后修饰

最 后再新建一个的图层，做最后的亮暗处理，并画上光线效果。
修饰完成后这张图也就大功告成啦！

> **提醒**
>
> 花想画得漂亮在画之前需要先做些功课，先查阅该花的相关资料，建议可以翻阅图鉴，因为图鉴里会有花的特写照片，对花的构造了解越多越助于绘图。同时也要稍微注意一下花本身所代表的意思。每种花都有自己的花语，不同颜色可能代表了不一样的意思，一般画图时不太介意这个，但是如果画这张图是为了某些目的的话，请尽量避开一些容易引起不好印象的花种。

柯光曜 绘

Chapter 11

风神

这张作品主要不是教你如何将图画细，而是要教你如何善用软件工具，让你更快速、更简便地完成作品。多数人还停留在使用手绘线稿再转到电脑上的方式，但笔者运用Painter的最新功能，使用对称的画法来创作，让整体比例更加稳定，让我们可以更省时、更快速、更精准地完成一张人物图。这样的做法非常适合游戏2D的美术创作者或者学设计的你来使用，无论是人、物、兽、武器等等，都可以使用本章示范的绘画方式。

11.1 页面设定与铅笔工具设定

STEP 01 打开Painter软件，新建图像。点选 **文件\ 新建**，弹出窗口，设定画布尺寸大小为 18cm×28cm、分辨率为300dpi。画面通常会设定 比A4小、分辨率设定300dpi主要是为了符合印刷， 一般而言，小说封面为15cm×21cm。

STEP 02 先选择一支适合作为铅笔的铅笔工具，点选 **铅 笔\2B铅笔**，接着在工具箱点选画笔工具，为 打草稿做准备。

STEP 03 选择好适合的画笔后，为了在纸张上增加铅笔 的纹理质感，在工具箱最下方点选弹出纸张材 质，选择想要表现颗粒的材质，作为铅笔打稿时的颗 粒，然后在窗口最上方更改画笔的设定，在属性栏中 设定颗粒、重新饱和、渗出。

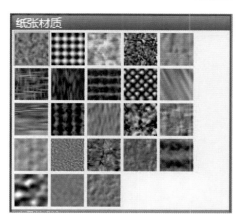

> **提醒**
>
> "颗粒"代表纸张纹理，设定值越高纹路越明显，"重新 饱和"设定值越高颜色越深、越低则越淡，"渗出"设定 值越高色彩混合度越强、越低越弱。这里是笔者惯用的 铅笔工具设定，能将Painter拟真功能发挥到最大，这也是 Painter与Photoshop和其他绘图软件最大的差距。

STEP 04 当画笔都设定完成后，必须在Painter中先设定属 于个人力道笔的感压，点选 **编辑\预置\笔迹追 踪**，打开笔迹追踪对话框，在画板范围内画出一笔， Painter将会依个人使用数字笔习惯记录下笔的轻重。

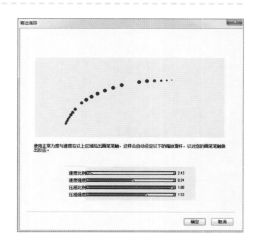

> **提醒**
>
> 在笔迹追踪里下笔越重，使用数字板时则需要用较重的力 道才能画出更深的笔刷笔触，但是收尖效果比较好；反 之，在笔迹追踪里下笔越轻，在画面上轻轻画就能画出很 深的笔刷笔触，笔者的下笔力道会比较重一点，纯粹为要 有点收尖效果。

STEP 05　新建一个图层，将混合模式设定为正片叠底，作为草稿图层用，以刚刚的设定试画出铅笔线条，查看铅笔效果是不是符合所需，如果画不出想要的感觉，可再多试几次笔迹追踪设定，你会发现设定的画笔和用真的铅笔是一样的感觉。

11.2　利用镜像效果画人脸

草稿绘制非常的重要，大多数艺术创作都少不了这个步骤，草稿可以画得很简单很乱，或者将草稿画很细都没有关系，最重要的是位置、透视和整体感，画草稿时可大胆地下笔，但一定要顾及最后画面的整体感，笔者利用简单的工具与教学画出人脸，让你在这里了解Painter镜像绘画工具的奇妙之处。

STEP 01　使用镜像绘画工具可快速地画出对称画面，完成人物草图的构图，点选■镜像绘画，画面中间将出现参考线，任意选择一边画就能画出另一面的水平反转图，适合用来画剑、花、蝴蝶等可以对称呈现的图像。

STEP 02　笔者习惯先画出眼睛为轴心点，接着透过眼睛定出的位置，抓出整张脸的构图，注意画线条时保持干净利落，不要有太多的断线，最好线接线，两条线接为一点时不要错开。

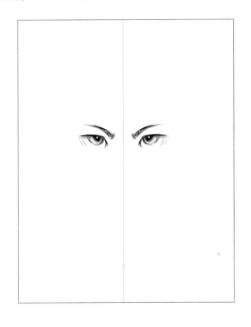

STEP 03 若初学者无法一下子抓出脸部的构图比例，可参考下图，头顶至下巴二分之一的位置为眼睛，眼睛至下巴二分之一的位置为鼻子，鼻子至下巴二分之一为下嘴唇，如此一来，就可大致上抓出人脸的构图。

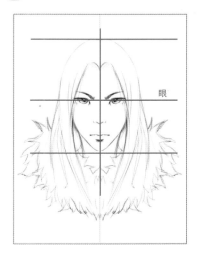 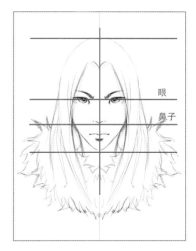 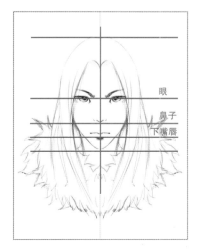

STEP 04 当人脸绘制完成后，新建一个图层作为绘制身体用，方便日后针对身体做修改，在此由于人物为正面图，同样可以使用镜像绘图功能绘出身体正面构图。

提醒

如果画完身体之后，发现胸线或腰线太高或太低，不用太介意，先完成草图，因为后续还可以再继续修改，不要忘记整体感最重要，初学者容易因为一个小东西的修改消耗很多的时间，所以就放心大胆的构图吧！

STEP 05 最后，如果确定构图不会再修改，为了让图层更方便管理，便可将刚刚的人脸和身体合并，按住Shift键不放选取两个图层，在窗口左下点选 **图层命令\折叠群组**，即可合并图层。

11.3 制作人物整体明暗

STEP 01 点选图层面板中的画布图层，在画面上用油漆桶工具倒入暗灰色，填入灰色的用意是为了之后较方便制作明暗。上色的步骤非常重要，必须注重阴和影，阴是物体的明暗面，影代表的是影子，建议刚开始学的人多观察静物的阴影，在纸上或计算机上多加练习，对上色会有很大帮助。

STEP 02 先制作人脸暗面，在此笔者习惯使用油画笔作为上明暗的工具，在Painter笔刷列窗口，选择油画笔，接着在右列选择不透光圆笔作为画笔笔触，绘制人脸暗面，使用刚刚选的油画笔，先将脸部暗面加上阴影，眼珠和眼睛周围在此也可一并加深，若无法将人脸明暗一次完成，建议可先新建图层在原有的画布上方，改变图层2的图层混合模式，在图层窗口左上角点选从下层采集颜色，即可更改图层向下的混合模式。

STEP 03 制作人脸亮面，一样使用油画笔，选择比底纸还亮的灰度，将脸部的亮面画出来，将图放大后便可发现，油画笔的笔触可以让我们更轻松地制作出皮肤的质感。

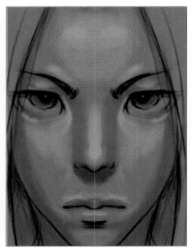

STEP 04 制作白发，同样使用油画笔，选择比面部明度高的灰，制作白发效果，在属性栏中更改颗粒数值，即可改变头发画出的浓密度，通过纹路的更改，呈现一丝一丝的头发。白发效果一样是由暗画到亮，画头发要多注意发流的方向，如果用乱涂的上色方式，没有找出发流的方向，很容易画出不好看的头发且不顺畅。

STEP 05 一样使用油画笔制作身体明暗，利用刚刚所教的方式，简略绘出盔甲的明暗，笔者建议可先将图缩小检查整体感，再缩小画笔大小画出盔甲边缘亮度，最后适时调整笔刷大小，用较亮的明度，在盔甲上画出金属折射的锐利感（不妨观察家中的不锈钢物体明暗运用在图上）。

STEP 06 更改画笔设定为可用来涂抹，在属性栏中将画笔重新饱和调整为0，修改盔甲金属光泽，使用调整重新饱和为0的画笔，将粗糙的笔触，使用涂抹的方式，让画面看起来更为柔和、细致。

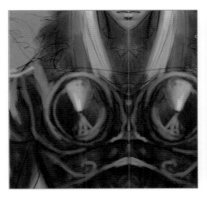

11.4 图案画笔效果

STEP 01 在新建的画布上，使用油画笔绘制翅膀骨架，画出有如鸡翅般的外形，使用较短的笔触在骨架下方绘出羽毛，使用油画笔在属性栏中将重新饱和调至0，将骨架与羽毛之间相互涂抹，画出比软羽毛长的中羽毛，可以像叶子般画出，堆栈一层在中羽外，最外围的羽毛最硬，依视觉上调整羽毛长度。

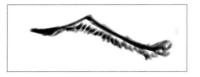
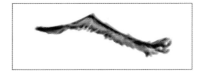

STEP 02 将前面所画好的翅膀结构，利用涂抹的方式使用油画笔，在属性栏中将重新饱和调至0，将所有的羽毛之间相互涂抹，让羽毛相互之间看起来更为融合。

STEP 03 将涂抹后的羽毛绘出亮部，选择白色，使用较小的画笔，大略画出羽毛的亮部，这样就大致完成所需要的翅膀样子（因为此图不需要画太细的羽毛，主要是翅膀的外形，可因图而异画出自己所需的花纹）。

STEP 04 在捕捉为画笔图案前，必须调高目前的图案对比，选择 **效果\色调控制\亮度/对比度**，调高亮度及对比度，日后成为画笔后，才可方便调整浓、淡度，最后呈现出调整后的样子，尽量让白、黑反差大些。

STEP 05 使用矩形选区工具，将羽毛全部圈选起来，再点选 **窗口\媒材控制面板\图案**，在弹出的图案窗口中，点选右上方的弹出按钮，在弹出的菜单中点选捕捉图案，弹出捕捉图案窗口，命名为"羽毛"，单击确定按钮后，图案窗口上会出现刚刚所捕捉的画面，则表示已捕捉成功为图案。

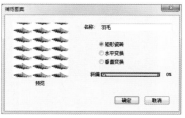

STEP 06 在Painter笔刷中选择 **图案画笔\图案粉笔**，在画面上试画，会依照笔刷的方向，呈现出不同的羽毛角度。

提醒

一定要选择使用图案笔，才能绘出所制作的图案图样，如果第一次使用就要去习惯它的方向，建议在新建页面练习完后再画上去。

STEP 07 接着使用上述所教羽毛画笔的方式，将人物加上羽毛画笔的装饰物，最后选取所有图层合并就完成人物的装饰了。

11.5 ··· 让图更细致化

STEP 01 人物整体大致上都已经完成了，接着必须使用其他工具做细部的修改、调整，在工具箱中选择减淡工具，将人物的亮部加强，由于脸部通常都是重点，所以亮色代表年轻，暗色代表老成，笔者把脸部加特别亮，让人物看起来比较有神，在修细时要特别注意明暗，也要注意盔甲的亮度不要抢过脸部的亮度，主要还是以脸部为重点。

STEP
02
接着选择燃烧工具，将脸部与脖子的交界处加暗，让人脸跳脱出来也更显立体，同时也一并在盔甲暗处加深，利用暗度衬托出亮部，将暗处做细部加强。

STEP
03
仔细修人脸细部与发丝，选择 **炭笔和孔特笔\软性炭铅笔**，软性炭铅笔是一支画起来比较柔的画笔，适合画在比较柔和的图上或者修改细节，让图看起来更加细腻。在此利用软性炭铅笔画头发，将画笔收尖，点选 **窗口\画笔控制面板\大小**，将最小尺寸调整为0，表达式更改为压力，最后在画面上试画，即可呈现出画笔收尖感。

提醒

如果要让头发发丝更明显，就要再将画笔做缩尖效果，收尖效果可以把图刻得更加的细致，是个非常好用的效果。

STEP
04
使用上面所教的收尖画笔，绘制发丝、细修人脸，同时也利用此收尖笔刷，将眼睛做修饰加亮。

11.6 ... 利用图层效果上色

STEP 01 使用图层便可快速上色、改变图的颜色，这个方式可以减少很多不必要的图层并且方便后续修改颜色，而且可以设计出整体色，建议如果美术底子不好，新建很多图层，又抓不到整体感的人，可以试试看用这种方式改变整体颜色，在原先的人物图层上方新建图层，将图层混合模式更改为叠加，使用这个新图层让黑白转为彩色。

STEP 02 先制作画笔将人脸上色，将先前的收尖画笔更改，点选**窗口\画笔控制面板\大小**，将最小尺寸调高，表达式更改为无，接着到颜色浮动面板中点选所需色彩，就可以开始将人物上色。选择较红的肤色色彩，将脸部上色可以让人脸更加有气色。

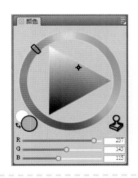

STEP 03 其他的部分也可以依照相同的叠色方式上色，金属的部分笔者惯用冷色系，所以在此选择中间调的蓝，使用色相环蓝色到紫色的位置上盔甲的金属色。

STEP
04
为了让上色图层与人物明暗图层更为融合，可调淡图层不透明度，让原本的上色图层与人物构图混合，使颜色看起来像是吃进图里。

STEP
05
加强眼睛，眼睛画得好会让人物更有神，选择Painter笔刷中的特效笔，在右方点选发光笔，利用此特效笔改变眼睛的颜色与亮度，选择较为荧光的颜色做上色，让眼睛看起来比较有发亮发光的奇幻感。

STEP
06
最后使用一样的画笔，适度调整画笔大小，画出盔甲的金属感，请注意通常会在暗与亮面的交接处的边缘做出反光，让盔甲看起来更为锐利。

11.6 ⋯ 制作背景与合成特效

选择一张已经画好的背景图与人物做融合，点选 **文件\打开**，在打开的窗口中选择背景，选取全部拷贝，将背景图置入粘贴到人物图内作为背景用。平常要有多画背景的习惯，需要的时候就可以快速套用所需的背景以节省创作时间。

STEP 02 将置入的背景图片移动到适当的位置，并清除多余的部分，将置入的背景图层的图层混合模式更改为叠加，利用橡皮擦工具擦除背景图覆盖到人脸的部分。

STEP 03 新建图层作为制作特效使用，在Painter笔刷中选择特效笔，点选发光笔，选择较为荧光的蓝色，在工具箱中选择万花筒工具，画面上即出现对称的参考线，然后在属性栏中将万花筒的区段数目调整为5，便可以使用万花筒工具快速地画出对称效果的特效。

STEP 04 使用先前设定的发光笔，画出发光特效，画完后可使用橡皮擦工具，擦除不要的发光特效部分，让图面不要刻意呈现出非常完整的对称感。

STEP 05 最后可以个人喜好，利用前面所教的画笔、特效、上色方式，调整图的精细度。

©风神 / 柯光曜

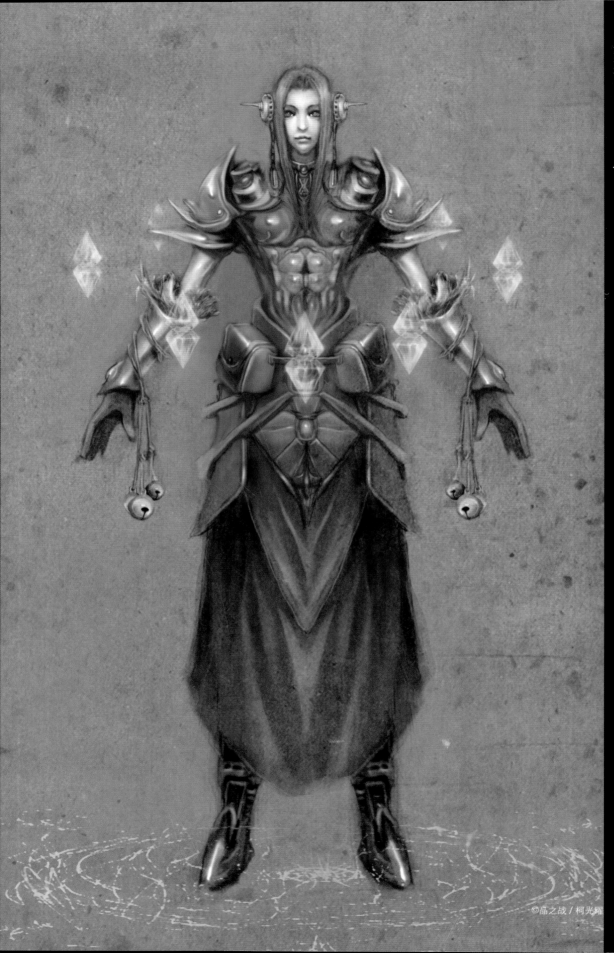

©晶之战 / 柯光曜